未成年人健康人格的促进与发展研究

范 琪 著

湘潭大学出版社
XIANGTAN UNIVERSITY PRESS

图书在版编目(CIP)数据

未成年人健康人格的促进与发展研究 / 范琪著. --
湘潭 : 湘潭大学出版社, 2023.1
ISBN 978-7-5687-0981-1

Ⅰ. ①未… Ⅱ. ①范… Ⅲ. ①青少年心理学—人格心理学—研究 Ⅳ. ① B844.2

中国版本图书馆 CIP 数据核字 (2022) 第 257216 号

未成年人健康人格的促进与发展研究

WEICHENGNIAN REN JIANKANG RENGE DE CUJIN YU FAZHAN YANJIU

范琪 著

责任编辑: 丁立松
封面设计: 清 清
出版发行: 湘潭大学出版社
社　　址: 湖南省湘潭大学工程训练大楼
电　　话: 0731-58298960 0731-58298966(传真)
邮　　编: 411105
网　　址: http://press.xtu.edu.cn/
印　　刷: 长沙创峰印务有限公司
经　　销: 湖南省新华书店
开　　本: 710 mm×1000 mm 1/16
印　　张: 13.75
字　　数: 220 千字
版　　次: 2023 年 1 月第 1 版
印　　次: 2023 年 1 月第 1 次印刷
书　　号: ISBN 978-7-5687-0981-1
定　　价: 58.00 元

前言

目前，中国正在走向中华民族的伟大复兴的道路上，人才已经成为完成民族伟大复兴这项使命的坚实基础。面对发展带来的机遇和挑战，社会对人才的要求不仅仅只局限于知识层面，是否具备健全的人格也是考察人才的重要考核标准。

未成年人决定着祖国的未来，是国家兴盛的关键。而人格会对一个人的成长产生重大影响。随着未成年人人格偏离和人格障碍患病率的不断提高，未成年人的人格健康问题日益受到人们的关注和重视，未成年人的人格教育和心理素质的培养已经成为当下重要的社会问题。

中国正在进行的基础教育改革更是把如何塑造青少年健全人格作为一项重大课题开始研究。一个人的人格养成受到多方面因素的影响，其中的社会、家庭、学校三方面影响较大。本书研究的意义在于探索如何更好地塑造未成年人的健全人格，重点是将未成年人紧密相关的学校、家庭、社区、大众文化、法制建设等作为研究培养的主阵地，探索塑造未成年人健全人格的方法。

本书在研究过程中主要运用社会学、心理学的有关理论和方法，构建研究问题的理论分析框架，以期对未成年人的人格健康进行构建和促进。本书首先就未成年人健康人格的相关理论知识进行了概述，阐述了未成年人人格发展的现状，在此基础上分析了未成年人健康人格形成的影响因素，然后就未成年人健康人格教育相关的几个重要方面——大众文化、社区教育、法制教育——在未成年人健康人格形成中的影响、功能以及构建策略进行了深入研究。

本书在撰写过程中参考了大量国内外学者的研究成果，在此表示诚挚的谢意！然而，由于作者精力和水平所限，书中难免缺漏之处，敬请广大专家学者、读者朋友批评指正。

作者

2021.12

目录

第一章

未成年人健康人格概述

在日常生活中人们常常可以看到，有的人乐观开朗、乐于助人、有创造力，有的人则缺乏安全感、自卑、主动攻击他人，有时甚至表现出伤害他人的恶劣行为。人为何会有如此大的差别？不同的人格又是怎样形成的？要通过怎样的教育途径才能使未成年人形成健康的人格呢？这是摆在人们面前亟待解决的课题。

进行未成年人健康人格的培养研究，探讨未成年人健康人格培养的有效途径，对于解决目前我国未成年人存在的诸多人格社会性发展问题是十分有益的。

第一节　健康人格的概念、特点及意义

人为何会有如此大的差别？不同的人格又是怎样形成的？要通过怎样的教育途径才能使未成年人形成健全的人格呢？这是摆在人们面前亟待解决的课题。未成年人是中华民族的未来，是实现中国梦的建设者，其健康人格的发展是培育和践行社会主义核心价值观的必然要求，是传承中华民

族文化、深化教育改革、促进未成年人健康成长的现实选择。

一、对健康人格教育的探索历程

进行人格教育，必须对健康人格有一个合乎时代、合乎国情的标准。健康人格，从总体上看，是对个体人格的道德性规定，是个人的德性、情操和品行的总和，可以定义为，个体在一定的生理和心理素质基础上，在一定的社会历史条件下，通过社会实践活动形成和发展起来的比较稳定的积极的行为倾向和乐观的生活态度。健康人格并非先天形成，而是人们通过接受各种道德教育，并在自身努力修养和践行的过程中逐步形成的。

（一）我国古代健康人格的标准

我国古代的思想家及其流派都对健康人格标准进行过探究，儒家、道家、释家等各学派都提出过各具特色的健康人格标准，是民族文化传统中的宝贵财富。

以孔孟为代表的儒家，“圣贤”是人格完美的象征，“君子”是道德高尚的典范，“智、仁、勇”是健康人格的最高境界。《中庸》指出，“知（智）、仁、勇三者，天下之达德也。”按照《论语》的基本精神，“仁”的核心含义是指人与人之间的相亲相爱。《论语·颜渊》中有一句话：樊迟问仁，子曰“爱人”。仁者爱人由此成为儒家人生哲学的最高准则。孟子对“仁者爱人”作出了更深的阐述，他说，“亲亲而仁民，仁民而爱物”，这和“老吾老以及人之老，幼吾幼以及人之幼”是一个意思。朱熹则说，“君子之心，豁然大公，其视天下无一物而非吾心之所当爱”。由此可见，儒家眼里的“仁爱”乃是一种主客交融、物我两忘、天人合一的无差别、无矛盾的境界。关于健康人格培养，儒家有以下几个基本点：一是尽心、养性、知天年，通过修炼，人就能知天立命；节制、节欲，弘扬仁、义、礼、智四端，以养心修身；养浩然之气，是“威武不能屈、贫贱不能移、富贵不能淫”的自强不息的坚韧精神；家教、家训，主张从幼时抓好健康人格教育；教化、陶冶，认为环境的熏陶和后天的培养对人格的形成有非常重要的影响。孔子及儒家仁的学说，为中国士人树立了很高的道德目标，实质是要人们从内心仁德的角度出发，自觉主动地承担对他人以及天下的责任，所以曾子说：“士不可以不弘毅，任重而道远。仁以为己任，不亦重乎？死而后已，不亦远乎？”在儒家“内圣而外王”等理想人格思想熏陶下，中国历史上许多仁人志士，或保卫祖国江山免遭外敌侵犯，或救民众于水深火热，创造了许多可歌可泣的事迹，涌现了许多人格高尚的模范，直到今天，儒家思想仍对中华民族的思想道德与人格产生了重要的影响。

以老庄为代表的道家，把“圣人”“真人”作为具有理想的健康人格标准。与儒家相比，道家的人格设计相对“消极”。什么是“真人”的标准？真，是纯真，是返璞归真，回归自然。老子把婴儿状态、赤子之心、清静无为当作人格最高境界。他在《道德经》二十八章中指出，“常德不离，复归于婴儿”，就如同与天地合二为一，妙不可言。老子认为，人性如婴儿状态，就会“众人熙熙，如享太牢，如登春台。我独泊兮，其未兆”。把一切名利看得很平淡，无所谓，不受诱惑，不去迷恋。老子要求的是人们在人格上保持婴儿纯真无邪、无忧无虑的精神境界，在他认为，这是在面对功名利禄诱惑时保持内心安宁与健康的重要手段。老子思想的继承者庄子对“真人”的描绘更加浓墨重彩。“真人”可以外生死，超利害，齐物我，“不知悦生，不知恶死”漠视俗世一切，任性逍遥，对成功失败、荣辱得失丝毫不放在心上。当然，现实生活中没有所谓外生死，超利害，齐物我，神游于四海之外的“神人”“真人”，但在道家看来，人们在人格与道德上是完全可以努力消灭是非、利害、生死、荣辱等界限，以获取人格之健康、精神之自由，做到视死如归、生死如一，是完全可以达到的。老庄的道家思想，培养和熏陶了无数中国人养成了旷达不羁的心胸和乐观精神。

佛教对于健康人格也有独到的见解。在众多的佛教宗派之中，禅宗最负盛名。菩提达摩在公元六世纪来到中国，带来大乘禅学的理论和新的禅定方法，这其中就关于培养健康人格的观点。其主要思想是要人做到“得失随缘，心无增减，违顺风静”，无论在什么情况下，都保持心理平和、淡泊宁静。六祖慧能十分强调心的觉悟，即自心上的戒、定、慧。他认为，自心能清净无染，便是戒；自心能时时寂然不动，便是定；自心能观照无碍，便是慧，强调的都是从心的觉悟出发培养健康人格。从积极的意义上，禅学“看破红尘名利”的佛理，可以铸就“大无畏”的人格精神，培育出为正义事业赴汤蹈火、视死如归的品质。佛学在相当长时间内帮助人们体悟真理、净化内心、升华人格，满足了无数人的需要，发挥了重要的积极作用。

（二）国外健康人格的标准

关于健康人格的标准，有关人格理论家，如阿德勒、卢什卡、布勒茨、兰克、马斯洛等人，都各自作出的他们的研究。阿德勒把“社会情感”作为人格是否健康的主要标志。卢什卡则认为“交往能力”是衡量健康人格的主要标志。显然，阿德勒、卢什卡两人都偏重于个人对群体和社会的认同。布勒茨指出，具备“独立的安全感”是成熟和健康的标志，强调个人需要的满足、问题的解决主要依靠自己而非他人。兰克的健康人格标准带有更多的艺术成分，他认为，具有独创性和创造力的人才具有健康的人格，这是因为他本人非常钦佩有创造力的艺术家的缘故。显然，布勒茨、兰克对于健康人格的研究偏重个体的成熟。

马斯洛在他的自我实现的系统理论中，对健康人格做了较为全面的分析，提出了人格健康的十二项标准，分别是：对现实的敏锐洞察力，主要指对事物有准确的辨别能力和艺术鉴赏能力；对于自我、他人与自然的接纳，主要指对社会生活中的问题的客观评价与宽容程度；本性的自然流露，主要指自然、坦率的行为以及内心的自由；以问题为中心，而非看待事物以自我为中心；超然独立的特性，指远离尘世喧嚣、保持宁静安详的心态；对环境的相对独立性，指发掘自身潜能更多地依靠自身努力，而非借助外力或环境的影响，能做到胜不骄败不馁；欣赏的时时常新，指欣赏时不是一成不变，而是能从反复欣赏中不断有新的感受；较多的高峰体验，指达到物我两忘的体验境界；深沉的社会情感，指对人类群体的认同，对苦难的同情和怜悯等，具有社会责任感；纯粹的私人关系，朋友交往高雅，能与“知己”保持长期的、深度的联系；民主的性格结构，会分享，懂得尊重，待人平和谦逊；区分手段和目的，指处理问题时，对于手段与目的能清醒区分，而不是“为达目的不择手段”。

世界卫生组织对人格列出的精神健康标准更容易理解，分为十项：充分的安全感；现实的自我评价；制定可能达到的目标；正常接触日常生活中的现实世界；言行一致；从经验中获益的能力；自发性行为的明智程度；合乎情理的感情情绪；团队合作与保持个性之间明智的平衡；用合适的方式满足适当的身体欲望。

不难看出，所谓健康人格的标准其实就是用现代语言完成的理想人格设计，目的是让人们过一种积极的、理想的、健康的人生。这些所谓的标准，都具有鲜明的时代特色，反映当代人的社会心理追求。把握健康人格的标准，要遵循如下三个原则：

一是“健康”的标准要超过平均水平。“健康”的概念是指比平均水平更高的、更优秀的状态，而不仅仅只是“达标”“合格”。如果仅仅停留在平均水平，那么所谓健康人格的意义就不大，因为它不能指引人们如何追求一个更高质量的人生和精神生活方式。

二是健康人格问题要联系价值问题来研究。健康人格应该能够体现全人类的道德理想，至少能够体现一国公民的道德理想。这就是说，健康人格必须具有导向性，为人们的人格修养和人生修炼提供一种现实的理想。

三是健康人格问题要联系社会生活来研究。对健康人格的研究不仅涉及个体，更应上升到社会的层次，健康人格的素质不仅关乎个人，而且关乎社会、关乎大众人生。

这三个原则其实反映出现代人在人格问题上的三种追求：一是追求高质量的精神生活，二是追求高水准的道德，三是追求个体与社会的和谐。三者合一，就是追求拥有健康的人格，过上理想的人生。

（三）国内外加强健康人格教育的探索

尽管当今世界，由于语言、文化、观念等原因，人们对未成年人健康人格教育的理解在许多方面还存在一定分歧，但重视和加强未成年人健康人格教育已经逐渐成为当今世界各国未成年人教育的共识。越来越多的国家认识到，青少年具有健康人格十分重要，非常迫切，势在必行。许多国家纷纷调整青少年思想道德教育的思路与策略，在理论和观念方面作出了不少新探索，形成了许多新景观。

当今许多国家都把公民教育，或称公民意识教育当作对青少年实施健康人格教育目标的一个手段。美国、英国、法国、德国等国家都设置了公民教育课。公民教育的衡量标准，就是能否培养出认同本国政治、经济、社会各项制度的民主公民。好的民主公民的标准，又主要在于是否具有鲜明的民族精神、是否具有鲜明的民主意识。西方许多国家，都是依据民主精神的理论或理念建立的，虽然国籍不同、民族不同甚至种姓不同，但民主精神已经深入其国家与民族的血液，成为一种普遍意义上的意识自觉。因此，许多国家都认识到，民主和民族精神是全体公民的核心精神，从培养下一代的角度，民主和民族精神是未成年人人格和道德教育的灵魂，换言之，未成年人人格和道德教育，必须致力于培养本国青少年的民主和民族精神。如美国，在当今“美国制造”的影视片中，不论是《阿甘正传》还是《巴顿将军》，到处可以感受到的就是“美国精神”，体现为：具有强烈的对国家的忠诚感，具有以当美国人为荣的自豪感，即“当一名美国人比当任何国家的国民更好”的自豪。新加坡十分注重对未成年人进行公民意识教育，公民意识教育是新加坡国家意识教育的核心。新加坡国会公布的全体新加坡人认同的五大共同价值观是：国家至上，社会为先；家庭为根，社会为本；关怀扶持，同舟共济；求同存异，协商共识；种族和谐，宗教宽容。此外，还大力弘扬“敬业乐群、勤劳进取、廉洁奉公、讲求效率”的新加坡精神。德国则历来十分注重培养未成年人具有一种可称之为“德意志民主”的精神，这种精神主要表现在爱祖国、爱劳动、讲严谨、讲执着。体现为培养未成年人强烈的德意志民族自尊心，培养未成年人勤业勤恳的思想，培养未成年人养成对工作认真的态度，培养未成年人养成执着的乐观精神和信念。

当前我国未成年人的健康人格教育和人格发展状况还没有完全适应时

代发展的需要。在如何搞好未成年人健康人格教育问题上，还存在许多问题需要深入研究、积极探索、努力解决。

二、人格及健康人格的概念

（一）人格的概念

“人格”一词最初来自拉丁文“Persona”（面具），原指一个人在生活舞台上演出的种种行为。20 世纪 30 年代，西方心理学家开始广泛研究人格，心理科学从而迅速发展形成了心理学的一个分支——人格心理学。

1937 年，人格心理学的奠基者、美国心理学家奥尔波特出版了《人格：一种心理学解释》一书，书中奥尔波特回顾了历史上各学科对人格的研究，概括了人格的 50 多种定义，这充分展示了人格认识和人格研究上的复杂性。

尽管心理学家对人格的概念“仁者见仁，智者见智”，但简单来说，人格是“个体思维、情感和行为的典型特征方式”。杨丽珠团队经过对未成年人人格近 30 年的研究提出，人格是指个体在生物学基础上受社会生活条件制约而形成的独特而稳定的具有调控能力、倾向性和动力性的各种心理特征的综合系统。

（二）健康人格的概念

1. 国内对健康人格内涵的研究

健康人格是各种人格特征的完美结合，根据国内外的研究，可以从三个方面概括健康人格的特点。

第一，内部心理和谐发展。他们的需要和动机、兴趣和爱好、智慧和才能、人生观和价值观、理想和信念、性格和气质都向健康的方向发展。他们的内心协调一致，言行统一，能正确认识和评价自己的所作所为是否符合客观需求、是否符合社会道德准则，能及时调整个体与外部世界的关系。一个人如果缺少人格内在同一性，就会出现认识扭曲、情绪变态、行为失控等问题。

第二，人格健全者能够正确处理人际关系，发展友谊。这样的人在人际交往中显示出自尊和他尊、理解和信任、同情等优良品质。友谊使人开朗、热情和坦诚，而缺乏友谊的人，在情绪上往往有很大困扰，轻则产生恐惧、焦虑、孤独，重则产生多疑、妒忌、敌对、攻击的心态和行为。嫉妒心强的人很难在互惠的基础上与人合作，傲慢自大的人也绝不会虚心地倾听他人的意见。具有健康人格的人，在日常交往中既不随波逐流，也不孤芳自赏，能够使自己的行为与朋友、同事、同学协调一致。

第三，人格健全者能把自己的智慧和能力有效地运用到能获得成功的工作和事业上。马克思在论述人的全面发展理论中，认为“全面发展”包含三个特点：人的体力和智力的充分统一与发展；人的才能和智力的多方面发展；物质活动和精神活动的多方面发展。只能从事物质活动的人，仍旧是片面发展的人；只有既能从事物质活动，又能从事精神活动的人，才是全面发展的人。

健康人格是一个非特定的范畴性概念，可以从以下几个方面来认识：第一，健康人格是一个相对的概念。当一个人的人格发展出现了偏离或障碍时，我们就需要对其加以纠正和解决，这是人格的健全过程，一个人人格发展过程中出现不平衡、不协调的情形称为人格不健全；反之，一个人人格发展中平衡、和谐的正常状态，称为人格健全。第二，健康人格是一个发展性概念。人格是不断发展变化的，人格的不断发展过程其实就是人格逐步健全的过程。从发展变化的角度来看，健全的人格状态永远是一个可望而不可即的理想状态，也就是说，健康人格的内涵将随着社会生活的变化而不断变化、充实和发展。第三，健康人格是一个结构性概念。一般认为，人格是由一组特质组成的，特质是构成人格的基本单位，决定着个体的具体行为，健康人格的结构应当是一个多层次、多水平、多侧面、富有内在逻辑关系的、完整的心理成分构成物。

心理健康是有层次性的，大致可分为心理疾病或障碍、心理机能正常和人格健全三个层次，其中，心理疾病或障碍属于不健康的层次。心理机能正常属于低层次的心理健康，以心理适应为基本特征，通常表现为能消除过度的紧张不安而达到内部平衡状态，对周围环境顺从，内心无冲突，甚至是上下讨好、左右逢源。而人格健全属于高层次的心理健康，表现为有高尚的目标追求，发展建设性的人际关系，从事具有社会价值的创造性工作，渴望生活的挑战，寻求生活的充实与人生意义。健康人格就是以正面的态度对待世界、他人与自己，过去、现在与未来，顺境与逆境，做一个自立、自信、自尊、自强和幸福的进取者，是各种积极人格特征的完美整合。健康人格的重要标准包括：第一，对世界持开放态度，乐于学习和工作，不断汲取新经验；第二，以正面的眼光看待他人，有良好的人际关系和团队精神；第三，以正面的态度看待自己，能自知、自尊、自我悦纳；第四，以正面的态度看待现在和未来，追求现实而高尚的生活目标；第五，以正面的态度对待挫折，能调控情绪，心境良好。

以上的健康人格模式大部分是针对成人提出的，而未成年人健康人格有其独特的内涵。儿童期处于人生的早期阶段，各种生理和心理机能尚处于形成和发展中，因而未成年人健康人格的含义不同于前面提到的以成人为对象所界定的健康人格内涵。未成年人的健康人格，就是指未成年人的人格结构中所有特质都得到健康、全面协调的发展，使未成年人能够良好地适应社会环境，表现出人际关系和谐、情绪稳定积极、心理健康等发展状态。有学者在多年研究未成年人人格结构的基础上提出，未成年人的健康人格是指在未成年人人格结构中具有普遍性和积极适应性的典型人格特质的健康、均衡的发展，即聪慧性、自主进取、探索创新、坚持自制、认真负责、计划有序、善交际、精力充沛、乐观开朗、诚实知耻、同情利他、合群守礼等特质的健康、均衡发展。

2. 国外对健康人格内涵的理解

20 世纪 70 年代，北美兴起了全人教育，其主要目的是促进人的整体发展，倡导教育培养完整的人，使人在身体、知识、技能、道德、智力、精神、灵魂、创造性等方面都得到发展。心理学家对其从不同的方面做了描述，其中健康人格这一概念得到了广泛的认可。西方人格研究者运用心理测验以及临床观察等方法，总结了那些被认为是人格发展水平较高的人所具有的一些重要特征，并依此提出了多种健康人格模式。

（1）成熟者健康人格模式。

美国人格心理学家奥尔波特长期研究具有高心理健康水平的人，认为具有健康人格的人才是“成熟者”。“成熟者”具有七个特征：一是能主动、直接地将自己延伸到自身以外的兴趣和活动中；二是具有对别人表现同意、亲密或爱的能力；三是能够接纳自己的一切，好坏优劣都如此；四是能够准确、客观地知觉现实和接受现实；五是能够客观地看待自己；六是能够形成各种技能和能力，专注且高水平地胜任自己的工作；七是能够着眼未来，生活的动力来自长期的目标和计划。

（2）自我实现者健康人格模式。

美国人本主义心理学家、人类潜能运动的先驱者马斯洛对“自我实现者”进行了深入的研究，发现“自我实现者”都可以满足自我实现的需要，都可以运用自身所有的能力实现所有的潜能。马斯洛从他们身上归纳出自我实现者具有的特点：能充分、准确地认识现实；对自己、他人乃至整个自然界都能够做到最大限度的认同和接纳；有自然、朴实和纯真的美德；经常关注社会上的各种疑难问题；喜欢独处，有超俗的品质；独立自主，不受文化和环境的约束；有创造性；不消极地适应现存的社会文化类型；具有高品位的鉴赏力；常有高峰体验；能建立持久的友谊；民主的价值观；较强的伦理关系；不带有敌意的、富有哲理的幽默感。

（3）机能健全者健康人格模式。

美国人本主义心理学家罗杰斯认为，“机能健全者”所表现的是真实的自我，这种人在许多方面像是一个婴儿，是纯洁的和善良的。他认为幸福并不意味着一个人所有的生物需要都得到满足，幸福的真谛在于积极参与实现的倾向，在于持续的奋斗，而不是它的结果。罗杰斯把“机能健全者”概括为以下六种特征：第一，他们不拒绝或歪曲某些经验，一切社会经验都能正确地、符号化地进入他们的意识领域；第二，他们在评判事物时，以自己的内在评价机制来评价经验，不断吸收新经验；第三，他们的行为既受理性因素的引导，也受无意识和情绪因素的制约；第四，他们相信能掌握自己的命运，生活充实并充满希望；第五，具有高创造性；第六，乐意给他人以无条件的关怀，能与其他人高度协作。

（4）创发者健康人格模式。

美国人本主义心理学家弗洛姆认为，每个人都有充分利用自己的潜能成长与发展的固有倾向，之所以更多的人未能达到人格健全的状态，是因为社会本身的压抑和不合理。他强调社会变革是产生大量“创发者”，即人格健康者的唯一途径。“创发者”可以使用自己的所有力量、潜能和能力。弗洛姆概括出“创发者”的四个特点：第一，创发性的爱，相爱双方是平等的、自由的，能使人意识到主动关怀和被爱；第二，创发性的思维，尊重、关心思维对象；第三，幸福体验，幸福是一种生机盎然、充满活力、身体健康和充分发挥潜能的状态；第四，人本主义良心，它是发自内心的道德准则的体现，并使人获得幸福感。

三、健康人格的特点

（一）整体性

首先，整体性意味着全面性，即健康人格是人格诸成分或特质尽可能充分发展的结果，而不是只有某一方面特别突出、占统治地位的片面人格，不能以某一方面特征的健康来代替整个人格的健康。

其次，整体性意味着协调性，即人格诸要素的有机统一。人格诸要素之间不是独立存在的，而是密切联系，综合成一个有机的组织。某一要素的充分发展不会阻碍另一要素的发展，如逻辑思维的发展不仅不会制约形象思维的发展，而且能够促进它的发展；情感丰富不仅不会冲击理智的严密，而且会使理智更富于创造性；道德的提高不仅不会限制想象的丰富，而且会使想象更深厚。健康人格内部是和谐的，而不是分裂的、冲突的。

（二）独特性

健康人格虽然有着共同的标准，但在具体的表现形式上，却体现出个体的独特性。如同样是热爱工作、专注于工作的人格健康者，一个表现得朝气蓬勃，一个表现得沉稳有致。健康人格的独特性是由于人格的形成与发展是遗传素质和环境交互作用的结果。每个人都从其父母身上继承了特定的基因素质，它限定了人的发展界限。加之，每个人所处的环境又千差万别，两者的相互作用，使得每个人格健康者都具有各自的心理面貌和精神状态，表现出独特性。

（三）稳定性

健康人格具有一定的稳定性，那些偶然的行为所反映出来的特质并不属于健康的人格特征。但健康人格的稳定性并不表明健康人格是静态的，它是一个动态的、发展的过程。一方面，时代的发展会对健康人格提出新的客观要求，这就要求人格健康者要不断地发展自己以适应时代的需要。另一方面，人格健康者是一个现实的人、真实的人，而不是神。因此，他们并不是任何时候都不会有适应不良或人格障碍。他们也可能在某一特定的时期内，出现短暂的心理危机与心理障碍，关键是他们能够及时地进行自我调整。

四、培养未成年人健康人格的意义

教育应当促进每个人的全面发展，即身心、智力、敏感性、审美意识、个人责任感、精神价值、人格等方面的发展，因此，探讨未成年人健康人格的发展具有重要的意义。

（一）提高未成年人学业成绩需要研究健康人格

未成年人人格的发展与教育在发展与教育心理学领域中处于重要地位，在探明未成年人人格发展特点与规律的基础上，全面推进未成年人人格发展水平，促进未成年人综合素质的全面发展，已经得到国内外心理学家、教育学家的广泛关注。在未成年人阶段，学习是其主导活动，而人格特质在未成年人学业成绩中起着重要作用。

有学者以二、三、四、六、八、十和十二年级的学生为被试，检验了一般智力和来自五因素模型的人格特质与学业成绩之间的关系，二至四年级的小学生通过自我报告的大五问卷来测量人格特质，六至十二年级的学生通过 NEO 五因素问卷来测量人格特质，结果发现，开放性、宜人性和尽责性与每个年级的平均成绩成正相关，而神经质与平均成绩呈负相关，也有学者对人格的五因素与学业结果之间的关系进行了元分析，被试主要是初中和高中的青少年，也有部分小学生，结果指出，开放性、宜人性和尽责性与学业结果之间呈显著正相关，其中尽责性的相关系数最高。在小学阶段，除尽责性外的其他四个人格特质与平均成绩有较低的正相关，而在初中和高中阶段这种相关更小。

也有研究发现，对于未成年人来说，大五人格维度与学业成绩之间的关系存在科目的特定性。有学者通过研究发现，尽责性和神经质对数学成绩是重要的，而外倾性对语文成绩是重要的。也有学者研究发现，神经质特质预测着数学、科学和外语成绩。还有研究发现，人格与学习成绩之间的联系存在性别特定性。例如，对于女生来说，尽责性和外倾性对平均成绩起着积极的预测作用，而对于男生来说则不存在这种积极作用。

可见，五因素人格模型中，尽责性是学业成绩最重要的预测源，尽责性水平较高的学生平均成绩更高，高尽责性学生在技能训练和团体项目等其他一些学业表现上也要优于低尽责性学生。这可能是因为低尽责性学生缺乏毅力、不够遵守纪律。

综上所述，人格中积极的特质，如尽责性、开放性、外倾性等，对培养未成年人人格的健全发展是十分必要的，有助于提高学生的学业成绩。

（二）促进未成年人身心健康需要培养健康人格

心理健康教育是中小学德育的重要组成部分，用科学的方法和途径实施心理健康教育，对于帮助中小学生正确理解和践行社会主义核心价值观、提升人生信念、养成良好的意志品格、促进学生全面和谐地发展，具有不可替代的重要作用。健康人格的培养就是在遵循未成年人心理发展特点和规律的基础上，引导未成年人养成正确的心理健康意识，树立正确的道德观念、价值取向和理想信念。未成年人健康人格的培养，不仅有助于其个体自身的健康成长，也是建立和谐社会和幸福中国的有效保证。未成年人的健康发展是社会发展的重要基础，是中国传统文化与社会主义核心价值观得以传承的直接体现，能够帮助我们明确健康人格所承载的中华民族独特的价值观、思维方式和人生态度。人格是人的先天本性与后天习性相结合的产物，健康人格的形成是文化与人的心理双向建构的过程，未成年人健康人格的培养过程就是中国文化传承得以实现的过程。

心理和谐是构建和谐社会的重要基础，健康人格是心理和谐的重要组成部分，也就是说，心理和谐最终体现为人的全面发展和个体的自我实现，并且有利于培育我国人民的社会主义核心价值观，营造自尊自信、理性平和、奋发进取的社会风貌。

相关研究指出，人格决定个人的典型行为方式，直接涉及人们在环境变化和适应过程中的各种信念、态度、情绪以及思考和行为反应。具有健康人格的个体应具有良好的认知能力、良好的情绪状态和良好的意志品质。与此同时，有研究也揭示出人格在压力与健康之间关系上的作用：处于同等压力下，具有坚韧性人格的个体可以抵御压力所带来的消极后果；而那些内向、敏感焦虑、情绪不稳定的个体容易受压力的影响，对身心产生负面影响。总之，个体对待生活的总体倾向和态度，会影响其解释和对待生活事件的方式，进而影响其生理反应和健康。

（三）解决未成年人人格问题需要培养健康人格

个别化教育的前提是尊重个体差异。教育者要依据未成年人心理发展特点进行个别化教育。未成年人的行为直接依从于具体的生活情景，这时的未成年人尚未形成稳定的态度，较容易塑造。

我国正经历着巨大的社会变迁，这其中也充斥着各种道德冲突、价值困惑，在未成年人人格教育领域，教育偏差问题也日益凸显，如：独生子女的教养；单亲、离异、重组等不同家庭结构对未成年人人格发展的影响；农村留守、城市流动对未成年人人格发展的影响；祖父母代养对未成年人人格的影响；未成年人网络依赖的现象；学校应试教育方面的压力；城乡未成年人享受教育资源的失衡对未成年人人格的影响；未成年人缺乏责任感、忍受挫折能力差、独立性差、不善于合作等问题对未成年人人格的影响。所有这些都直接影响着社会的发展进程，都给未成年人健康人格的发展带来了巨大的挑战。

在对中、日、韩三国幼儿和小学生家长的调查中，三国家长均认为孩子存在自主性差、做事拖沓、懦弱、胆怯、任性、经常发脾气等问题。医学研究表明，未成年人自我控制能力差位于十大问题之首。对中澳未成年人的跨文化研究表明，澳大利亚未成年人自我延迟满足水平高于我国未成年人。[①] 这也证明我国未成年人自控能力的培养刻不容缓，教育应当促进未成年人的全面发展，即身心、智力、敏感性、审美意识、个人责任感、精神价值等方面的发展。因此，探讨未成年人健康人格的发展具有重要的现实意义和深远的历史意义。

（四）培养创新人才需要培养健康人格

21世纪是竞争、创新的时代，“创新”是一个国家的灵魂。我们要想在激烈的世界竞争中立于不败之地，就必须使未成年人具有健全的人格，健全的人格是高层次创新人才所必须具备的条件。创新人才既要具备创造性智力，也要具备创造性人格。

人格因素影响着智力的发展方向和水平，这是因为人格因素持续而稳定地支配、调节着人们对客观事物的态度、活动的积极性和行为的方式，并制约着人们对各种认识活动对象的趋势和选择，成为影响智力发展的动力载体。

第二节 未成年人健康人格的发展

本节将未成年人人格的发展划分为四个阶段：幼儿阶段、小学阶段、

① 杨丽珠，马振，胡金生. 6-12岁小学生健康人格培养研究［M］. 大连：大连海事大学出版社，2017：9.

初中阶段、高中阶段。

一、3~6 岁幼儿健康人格的发展

有很多的研究表明，未成年人的个体差异在生命的早期就非常明显，如一些新生儿被抱时会不停地哭闹、挣扎，而另外一些则喜欢被轻轻地抱着。这些生命早期所表现出来的差异，即气质的差异。人格源于气质，气质是特质取向人格结构的一部分，它所产生的结果之一就是人格。

（一）幼儿阶段是人格发展的关键期

幼儿园小、中、大班幼儿在人格的智能特征、认知自控、情绪性、亲社会性 4 个维度上均存在显著的年龄差异。从总体上看，中班到大班阶段是人格发展的重要时期，其中聪慧性、独立进取、认真尽责、坚持自制、羞愧内疚、开朗活泼、急躁执拗等特质在这一阶段的发展尤为明显。

3~6 岁的儿童已经逐步脱离母亲的怀抱，进入到人生当中的第一个大集体，突然出现的规则、系统知识的学习、陌生的同学等，都会让他们感到再也不能像以前那样无拘无束了。因此，刚进入幼儿园的孩子一般都很难适应新的环境和教育方式，其人格的发展也在某种程度上受到了抑制。随着时间的推移，幼儿开始逐渐适应幼儿园的新生活，其自身人格的发展也由于心理的发展和幼儿园的教育而开始加快。尤其是到了大班时期，幼儿的聪慧程度、独立意识、创造精神、自我控制的能力、积极的心态、对人对事认真负责的态度、与同伴交往的渴望等方面都明显地得到提高。尤其是与同伴共同玩耍、合作的增多，使得他们的人际关系也愈加和谐，他们越来越少地表现出情绪上的激烈性与不稳定性，而敏感性、焦虑性也在一定程度上有所下降，任性、固执等不好的特征也在逐渐地减少。

由此看来，对于幼儿来说，从中班到大班这一阶段，是其人格发展的重要时期，因此在对未成年人健康人格的培养过程中要抓住这一关键时期。

（二）男孩女孩已表现出不同的人格特点

通过研究发现，幼儿园女孩相较于男孩而言，有更强的独立性与进取性，更容易管教，对自我的约束和控制能力也较强，同时，女孩更乐于关心、帮助他人，更愿意与同伴交往；但是，女孩也表现出更多的焦虑不安，情绪的激烈程度和敏感性也比男孩更高。

例如，杨丽珠等人的研究表明，幼儿园男孩和女孩在认知自控、情绪性、亲社会性三个人格维度上存在显著的性别差异，但在智能特征维度上没有差异。① 这种差异与儿童性别角色认同、性别观念、性别行为等方面的发展有关。

二、6~12 岁小学生健康人格的发展

（一）男女生表现出不同的人格特点

相关研究表明，小学阶段的女生比男生自控能力更强，亲社会程度更强。她们能更好地约束、控制自己的言行，也能更好地与同伴和谐相处，有更强的同情心，愿意帮助他人，具有更强的责任心和集体荣誉感，合作意识也比男生强。而男生在认真程度和控制能力上都不及女生，并且表现出更多的攻击性，更加叛逆、独立、不服从管教。

在大多数的社会文化中，人们期望男生具有独立、果断、支配、竞争的特性和强烈的成就动机，而期望女生具有细腻、敏感、柔和、服从、谦逊、合作的品质。社会为男女两性规定了行为发展的标准，两性儿童就按照这一标准来形成和发展自己的人格特征，而这往往是通过父母教养方式以及社会的潜在压力来完成的，凡是与社会要求的性别角色标准相符合的行为就会不断地受到强化，因此就有可能被保留下来，成为比较稳定的人格特征。

（二）认知发展呈现出新特点

小学生认知能力的发展，一方面表现为有意识记开始占据主导地位，另一方面表现为思维发展进入具体运算阶段。

① 杨丽珠，胡金生，刘文，孙岩副．儿童青少年人格发展与教育［M］．北京：中国人民大学出版社，2014：18.

小学低年级学生一般采用死记硬背、机械识记的学习方式。到了高年级，由于学习任务的要求更高，迫使小学生运用意识主动地、有目的地去记忆所学的内容，并保持和再现。大约从小学三年级开始，有意识的记忆方式逐渐占据主导地位，并随着年龄的增长不断增强。

小学生的思维发展已经进入具体运算阶段，其思维已具有可逆性与守恒性。在整个小学时期，小学生的思维逐步发展到以抽象逻辑思维为主，但仍带有一定的具体形象性。他们已经逐渐具备了人类思维的完整结构，但是这个思维结构还有待进一步完善和发展。

（三）情绪情感趋于稳定和丰富

小学生的情感随着年龄的不断增长变得越来越丰富，与同学和老师有关的社会性情感占据了主导地位，出现了与学习兴趣、学习成败相关的优越感，与班集体有关的责任感，与同学之间的友谊感，等等。

小学低年级学生情绪很不稳定，往往因为一件小事而闹得不可开交，但一转眼又烟消云散了。而小学高年级学生的情感逐渐内化，对情感的控制力也逐渐增强。另外，随着学习科目的增多，课业任务的繁重以及家长、老师不断提高的要求，小学生也越来越多地表现出焦虑情绪。高年级的小学生在长辈面前更加拘束，不愿意在公共场合表现自己，并且担心即将到来的各种考试。

（四）攻击行为和利他行为开始增多

小学高年级学生与低年级学生相比，表现出更强的攻击性与反抗性，具体表现为打人、骂人，欺负比自己弱小的同学，顶撞老师或班级干部等。这是因为，随着年龄的不断增长，他们的自主性和独立意识不断增强，不再像低年级时那样认同老师、班级干部的管理，对事对人都有了自己的看法，不再盲从于大人的指挥，这是小学高年级学生最为明显的特点。而这种意识上的独立性往往导致了行为上的不合作，同时使得他们在与同伴交往中的攻击行为也增多了。

此外，小学生在助人意识上有所进步，会随着年龄的增长，表现出更多的利他行为。

（五）人际交往能力不断提高

小学生的人际交往有以下几个特点：一是与同伴交往的时间增多，交往形式更为复杂；二是在同伴交往中传递信息的技能增强；三是更善于利用各种信息来决定自己对他人所采取的行动；四是更善于协调与其他同学的活动；五是开始形成同伴团体。

进入小学阶段以后，随着人际交往范围的不断扩大和交往需求的不断增强，小学生的人际交往能力大大提高。小学低年级到中年级阶段，学生的协调能力和交往能力发展比较缓慢，但从中年级到高年级阶段，发展速度较快，对于他们而言，“朋友”似乎比任何时候都更加重要，具体表现为更渴望结交新朋友和对同学之间矛盾的处理上。

三、12~15 岁初中生健康人格的发展

（一）认知能力发展速度加快

初中生的记忆能力逐渐过渡到成熟阶段。他们不但在单位时间内的记忆量随年龄而持续递增，而且在记忆目的、内容和方法上也呈现出新的特点：记忆的有意性明显增强；意义识记增多，机械识记减少；抽象记忆的能力明显提高。

初中生在思维方式上则表现为由形象思维向抽象逻辑思维转变，并且抽象逻辑思维开始逐渐占据主导地位，但这种抽象逻辑思维在很大程度上还需要感性经验的支持。初中生思维的独立性和批判性显著发展，已不满足于简单的说教和现成的结论，但由于思维发展还不成熟，所以容易出现固执和偏激。

（二）情感世界细腻而充满矛盾

由于青春期的到来，初中生表现出的情感体现着半成熟、半幼稚的特点，更容易感情用事、有较大的依赖性、时常忧虑和烦恼。这种矛盾的情感表现和青春期有着很大的关联。个体的自我意识发展也进入了第二个飞

跃期，他们的内心世界变得更加丰富，表现为很强的独立性，要求得到尊重、不愿落后，情绪也十分强烈，甚至是极端。另外，初中生的情感体验也变得更为细腻丰富，他们不仅感受直接由外部刺激引起的情绪，而且还感受其他主观因素引起的情感体验。

（三）自我意识高度发展

自我意识的发展是初中生个性逐渐成熟，并趋于稳定的一个重要标志。他们开始从比较单纯地接受别人的评价转向能够自觉地进行自我评价，开始学会从思想水平、道德修养、智慧程度、人生态度等多方面评价自己和他人。

他们还表现为特别关注自己的形象；特别关注他人对自己的看法；想要得到他人尊重的愿望比过去任何时候都要强烈；遭受误解或经历失败时所体验到的挫折感也格外的沉重，因此经常会在极端的自卑和极度的自信之间摇摆不定。

（四）社会性不断增强

初中生由于有了更为深刻的内心体验，所以其社会性的、精神的需要范围扩大了，对需要的质量要求也提高了，满足需要和需要得到满足的体验都较过去更为强烈和丰富。

随着实践的增加和思维的发展，他们的各种动机都开始表现出间接性（不直接表现为某种行为）、稳定性（较长久地保持某一动机）、迟效性（动机的行为表现不立即显现效果）等特点。

此外，由于知识面和社会接触面的扩大，初中生的兴趣广度也大为增加，对于所寻求的事物表现出更大的坚持力，即有了较为长久、稳定的兴趣。

四、15~18岁高中生健康人格的发展

（一）认知能力进一步提高

高中生认知能力的发展，一方面表现在其观察能力、记忆能力、想象

能力等方面的发展变化和完善上，但更主要的是体现在其思维能力的提高上。高中生的形式逻辑思维处于优势地位，且高于辩证逻辑思维的发展水平。他们形式逻辑思维发展较为匀速且稳定，而辩证逻辑思维的发展却比较迅速。形式逻辑思维和辩证逻辑思维是一个人抽象逻辑思维的两个组成部分，前者是后者的基础，后者是前者的发展，两种思维形式的相互促进，使得高中生的思维水平更加成熟、更加完善。

（二）情感体验逐渐丰富而深刻

高中生情绪情感的内心体验变化较大，带有闭锁性，不易被人发觉。他们的情感体验比初中生更加丰富、深刻，并且高级情感日益占据主导地位。此外，高中生情感的自我调节、控制能力也不断增强。

高中生情绪情感的发展还表现在以下几个方面。

第一，在集体感方面，高中生特别重视自己在集体中的地位。

第二，在友谊感方面，比较注重共同的心理基础，具有一定的选择性，往往容易选择兴趣相投、性格相近，在理想、信念、世界观上比较接近的人做朋友。

第三，在理智感方面，高中生学科的兴趣分化更为明显，他们能够结合自己的志向和未来所从事职业的需求去学习，产生与兴趣、志向相联系的情感体验，并把这种情感变成一种学习的动力，从而更深入、主动地扩大自己的知识面，并从中感受到快乐。

第四，在美感方面，他们开始把握美的内在质量，越来越看重心灵美。

（三）自我意识进一步发展

在过去知识积累和智力发展的基础上，高中生由于即将毕业而必须考虑自己未来的生活道路，因而自我意识有了进一步的发展，其主要特点如下：

第一，自我意识独立意向的发展，即高中生已能完全认识到自己是一个独立的个体。

第二，自我意识成分的分化，高中生在心理上把自我分成了“理想的自我”和“现实的自我”两个部分，并且这两个部分还存在着差距，常常表现出一种眼高手低的状态，如希望考上好大学，却讨厌学习等。

第三，强烈地关心着自己的个性成长，绝大多数的高中生都很怕别人看低自己，希望得到社会的承认和鼓励，他们会以各种方式，在各个领域表现自己的个性，有时也会发展成争强好胜的性格。

第四，自我评价的成熟，高中生能独立地评价自己的内心品质，其自我评价在一定程度上达到了主客观的辩证统一。

第五，有较强的自尊心，高中生在其言行受到肯定和赞赏时，会产生强烈的满足感，更好地投入到学习中去；反之，也易产生强烈的挫折感，并采用不符合社会角色规范的方式去寻求满足，如寻衅滋事、打架斗殴、搞恶作剧等。

高中阶段是未成年人成熟之前所经历的最后一个阶段，在这个阶段中所形成和发展的许多人格特点都将对完成以后几个人生阶段的发展任务产生直接的影响，因此，教育教学工作者要对这一时期的未成年人给予积极的关注，帮助他们克服困难，在顺利完成学业任务的同时，也保证身心的健康发展。

第三节 未成年人健康人格发展存在的问题

一、未成年人对人、事、己的认识存在偏差

（一）未成年人人格发展中对人的认识存在欠缺

未成年人的人格在形成与发展过程中，在与人交往的过程中，“往往容易以自我为中心，单方面地认为别人都要听自己的，做事时我行我素，

不会站在他人角度考虑问题”①。这种交往方式很容易与别人发生冲突，导致对他人产生敌意，这不符合社会主义核心价值观所倡导的“友善”要求。

（二）未成年人人格发展中对事的判断存在局限

未成年人渴望自由，但往往忘记自由是建立在规则的基础上的，不喜欢被管束，容易与规则发生对抗，同时由于知识阅历的局限，容易被教唆，导致做事情时冲动，缺乏深思熟虑，不顾后果，甚至发生违法犯罪行为。正如2016年发布的《法治蓝皮书》中所说，我国未成年人犯罪的人数虽然在减少，但犯罪的手段与后果却更加严重，比如，校园霸凌事件，可能只是同学之间发生一点口角，道歉就可解决的事情，却采用极端手段来解决，最终往往造成无法挽回的严重后果。

（三）未成年人人格发展中对己的认识存在不足

广大未成年人随着年龄、知识、阅历的增加，应该来越清楚地认识自己，不仅知道自己的外部特征，而且了解自己的内部需要。在家庭、学校和社会中开始寻找自己的位置，越来越希望得到家人、老师和社会的认可与肯定，从而满足自尊心的发展。但事实上，很多未成年人对自己的认识存在严重不足，取得成绩时，盲目认为完全是依靠自己的能力，对自己的评价过高；失败时，又盲目贬低自己，认为自己干什么都不行，产生自卑，失去自信，变得消沉。

二、未成年人学习障碍

（一）学习障碍的概念

学习障碍的概念是美国教育心理学家柯克于1963年提出的，最早是指儿童在语言、说话、阅读和社会交往方面的发育障碍，其中并不包括视觉、听觉以及智力障碍。到目前为止，国际上对学习障碍的界定已达90多

① 王文栋．青少年人格发展存在的问题及改进策略研究［J］．海峡科学，2020（09）：72-75.

种，一直都没有统一的标准。在我国，对学习障碍的研究也一直在“差生”的名义下进行。综归起来，本书认为学习障碍是指不存在智力低下和视、听觉障碍，也不存在环境和教育剥夺以及原发性情绪障碍，却在听、说、读、写、算等方面出现特殊困难的一组综合征。

（二）学习障碍的表现

1. 阅读障碍

表现为略字、加字，将词语前后颠倒，不适时停顿，阅读时皱眉、咬唇、侧头，无法回忆文章的主要内容，无法回答文章中的问题，对文章的理解性不足，难以划分段落、画出重点等。

2. 书写障碍

表现为握笔方式不正确，笔道太深或太浅，常常移动书写纸或放得太斜，字与字大小不一、间距太大或太小，倒下笔，字迹潦草、东倒西歪，分不清 6 与 9、5 与 2、b 与 d 等。

3. 数学障碍

数数时出现跳数，序数理解有困难，不能理解数位的概念，运算方式混淆，常把数字颠倒或反向，不能解决实际问题等。

（三）学习障碍的形成因素

1. 遗传因素

以往的研究结果表明，学习障碍在双生子家庭中的发病率比一般家庭要高出很多。以阅读障碍为例，一级亲属患病率为 45%，同卵双生子同病率为 87%。

近年的研究结果还发现，学习障碍患者 6 号染色体、15 号染色体、23 号性染色体存在异常。第 23 对染色体为 X0 异常模式时，儿童在韦氏智力测验中的操作量表上得分较低，常出现视动协调障碍以及书写方面的问题；第 23 对染色体为 XXX 异常模式时，虽然不会造成智能不足，但儿童多项认知能力的发展都普遍偏低；第 23 对染色体为 XYY 异常模式时，儿童多存在阅读障碍，并且语文成绩不佳。

2. 神经系统结构及功能异常

通过现代化的医学手段，目前已经发现，学习障碍患者存在微小脑回、皮层异位、神经元移行和结构异常、双侧颞叶不对称以及枕、颞叶皮层神经通路改变等问题。电子断层扫描的结果也发现，学习障碍儿童功能区域有明显的变异、代谢降低和诱发电位潜伏期延长等。另外还发现，有阅读障碍的儿童存在其右侧间脑灰质体积减小、左脑后侧部语言中枢发育不良以及双侧尾状核体积缩小等情况。

3. 家庭环境因素

家庭环境因素对未成年人学习的影响是深远而广泛的，它包括父母自身的受教育水平、家庭经济条件、对子女的关怀和期望等。

有研究表明，学习障碍患儿的父母通常文化素质较低，能够提供给孩子的生活和学习条件较差，给予的爱护、关心、情感支持较少。

特别是在单亲家庭中，由于一个人要同时担当两个人的角色，难免使孩子在成长过程中缺乏爱护，承受更多的压力，不容易将全部身心投入到学习中去。例如，单身母亲带着的男孩缺乏父亲阳刚之气的熏陶，容易养成孤僻、胆怯和吝啬的性格，往往脱离于男孩子圈的活动；而女孩则因为缺乏与异性亲切交流的训练，往往变得冷漠、拘谨，缺乏幽默感和与异性相处的能力。

4. 学校教育因素

学校教育因素对未成年人学习的影响体现在教师的管理方式、教师态度及期望等方面。

有学习障碍的未成年人一般学习的自觉性不高，不能独立、按时地完成作业，考试成绩也不好。因此，教师很容易给这类学生贴上“差生”的标签，对他们产生鄙视、冷落、挖苦的歧视态度，班上的同学也会受到老师的影响，效仿而为之。这样一来就会严重刺伤学习障碍学生的自尊心，使他们产生自卑的心理，对学习也逐渐丧失兴趣，甚至产生紧张、恐惧、厌学的情绪，陷入自暴自弃的被动局面。

5. 社会环境因素

在我国，注重考试的教育之风把老师和学生都卷入了一种只为在考试中取得高分的模式化训练中。学生的课业负担越来越重，所需承受的心理压力也越来越大。受到升学率的影响，一般的学校和老师往往更偏爱学习好的学生。这样一来，在传统的教育模式和条件下，“差生”想要改变学习成绩的愿望很难得到照顾和实现，学生因此承受了巨大的压力，并逐渐产生厌学情绪，加剧了学习障碍的发生。

三、未成年人情绪障碍

（一）情绪障碍的概念

情绪障碍是发生在儿童少年时期以焦虑、恐怖、抑郁或躯体功能障碍为主要临床表现的一组心理疾病，过去多称为儿童神经症。教育部在实施第二次全国特殊儿童普查工作时，将有情绪障碍的儿童划分为“性格与行为异常儿童”，并对其做出了定义：情绪障碍儿童是指儿童由于生理、心理或环境因素的影响，导致其生活内容、思考方式或行为表现僵滞或偏差，而在生活中表现出显著异于生活常规或年龄发展常态之行为，并妨碍到自己或他人之学习、情绪或人际关系者。

未成年人的情绪障碍问题主要包括学习焦虑、社交焦虑、孤独倾向、自责倾向、过敏倾向、身体症状、恐怖倾向、冲动倾向等，具体表现为焦虑、烦恼、忧郁、沮丧、自卑、冷漠、妒忌、愤怒等不良情绪。

（二）情绪障碍的表现

1. 情绪持续障碍

情绪反应强度和持续时间方面发生障碍，包括情绪高涨、情绪低落、情绪淡漠、焦虑、抑郁等。

2. 情绪发生障碍

情绪发生过程出现失调，包括情绪不稳、情绪脆弱、易激惹、易出现损物伤人的行为等，以及对不必要的小事大发脾气等。

3. 情绪协调障碍

环境刺激与情绪体验不相符或内心体验与外部表情相矛盾，包括情绪倒错、表情倒错、情绪矛盾等，如对不幸的事情感到高兴、对一个人既讨厌又喜欢等。

情绪障碍的早期表现主要以心境不良、退缩、哭泣、遗尿、学习困难、生活邋遢、睡眠问题、易激惹为特征，甚至可以发生在婴幼儿时期，最终会发展成为典型的焦虑障碍、抑郁障碍、恐怖症及强迫症等。

（三）情绪障碍的形成因素

1. 生物学因素

情绪障碍与遗传的关系很早就受到了研究者们的注意，有资料显示：家族内发生抑郁症的概率约为正常人口的 8~20 倍，且血缘关系越近，发病率越高。异卵双生子同病率为 19.7%，自幼分开抚养的同卵双生子后期同病率高达 66.7%，且遗传因素的影响会随着年龄的增加而增加。[①]

除了遗传的作用之外，母孕期的感冒史、母孕期堕胎未成、母孕期有毒物接触史、母孕期有精神创伤和难产等也是造成未成年人情绪障碍的危险因素。

2. 家庭环境因素

家庭环境因素是造成未成年人情绪障碍的首要因素。

早在 20 世纪 70 年代，英国发展心理学家鲍尔比就发现亲子关系的异常会导致学校恐怖症的发生，这种异常主要表现为：母亲多为慢性焦虑患者，总希望把子女留在家中与自己做伴；母亲担心孩子上学会发生不幸事故；儿童害怕自己上学时，父母会遭遇不幸，因此自己要求留在家中；儿童担心自己离开家时会受到意外伤害，所以硬要留在家中。而对于有离别焦虑的儿童而言，父母对他们既表现出苛刻或冷淡，又要求孩子依赖自己。

---

① 常若松，刘封勇，郭双．未成年人健康人格自主培养研究［M］．北京：教育科学出版社，2014：21.

而关于教养方式对情绪障碍的影响，通常认为，父母严厉惩罚、过度干涉和保护将导致或加重未成年人的情绪障碍，相反，如果给予更多的关注理解和情感上的温暖，将能减少未成年人情绪障碍的患病率。

此外，处于结构不完整的家庭或重组家庭中的未成年人，普遍无法得到应有的关注、接纳与情感支持，极易陷入强烈的情感冲突当中，因此就很容易形成各种情绪障碍。并且，家庭暴力、家庭成员关系紧张（尤其是父母之间）、家庭成员间缺乏相互支持和鼓励，相互的猜疑和排斥甚至斗争也是儿童情绪障碍的重要诱发因素。

3. 社会环境因素

步入现代社会以来，随着工业化和城市化进程的加快，人们的生活方式发生了翻天覆地的变化，未成年人的学习压力也越来越大，这种快节奏、高竞争的学习方式所造成的心理压力，使得越来越多的未成年人长期处于应激状态之下，得不到片刻的放松。临床资料的数据表明，高中生情绪障碍在心理咨询门诊中居于首位，这与他们面临的高考压力有着密不可分的关系。

与此同时，随着现代医学水平的提高，以往严重影响未成年人身心健康的感染性疾病和营养性疾病的发病率有了明显的下降，这就使得未成年人心理方面的问题日益凸显出来。

四、未成年人品行障碍

（一）品行障碍的概念

品行障碍是指未成年人反复持久地出现严重违反与其年龄相符的社会规范的行为，并以反复而持久的反社会性、攻击性或对立性品行模式为特征的障碍。它主要包括反社会性障碍和对立违抗性障碍两种。

10 岁以前出现的品行障碍称为儿童期发作型，多表现为单独行动，因此又称为非社会化型、非团伙型；而 10 岁以后出现的品行障碍称为少年期发作型，多表现为结伙行动，又称为社会化型、团伙型。16 岁以后，品行障碍往往会发展成为未成年人违法行为或反社会人格。

（二）品行障碍的表现

品行障碍儿童是意外伤害、物质依赖、自杀、性病、违法犯罪高风险人群，他们因为品行问题所导致的早亡率是普通儿童的5倍，其主要表现为以下几点。

一是攻击他人或动物的行为，包括殴打、恐吓、威胁他人；虐待小动物或欺负比自己小的同学；使用刀、枪、棍、棒等器械对他人造成躯体伤害；强迫对方发生性行为等。

二是对立违抗性行为，包括对家长或老师表现出不服从、挑衅、违抗；撒谎成性；常常怀恨在心、心存报复；经常违反纪律、不接受批评等。

三是故意损坏财物行为，包括故意破坏公共财物、在公共场合乱涂乱画、以放火等方式给他人造成经济损失等。

四是违反社会准则的行为，包括厌学、逃学；夜不归宿、四处游荡等。

五是偷窃、欺诈行为，包括偷取家里的钱财、结伙抢劫路人和商店等。

（三）品行障碍的形成因素

1. 生物学因素

首先，遗传因素对品行障碍的作用已被许多研究所证实。早在20世纪70年代，医学工作者就发现47号染色体异常（XYY或XXY）与反社会行为有关。国外著名的寄养子研究结果显示，父母有反社会性行为的，孩子也将更多地出现反社会性行为。父母之一有犯罪史的，孩子的犯罪危险性是其他人群的1.9倍。

其次，神经递质含量的异常变化也是造成品行障碍的重要因素。例如，有研究表明5-羟色胺（5-HT）功能的降低与攻击、冲动、注意缺陷、多动障碍等破坏性行为的发生有很大关系。

2. 家庭环境因素

家庭环境因素对品行障碍的发生和发展往往起着非常重要的作用，它包括家庭暴力、父母婚姻不合、父母离异、父母受教育水平低、家庭社会经济状况差，以及父母教养方式不当、态度不一致等。

大量证据显示，儿童期被虐待、遭受家庭暴力的孩子，对小伙伴多采用攻击性行为，在与人交往中也怀有敌意，不会以正常的行为方式解决人际关系的问题。

有学者对 34 名品行障碍患儿进行了分析，发现父母受教育程度越高，其子女品行障碍的检出率就越低；父母受教育程度为大学的，其子女的检出率是最低的。

另有学者研究了品行障碍患儿的父母养育方式及应付方式，发现品行障碍组父母的情感温暖因子分明显低于正常对照组，而父母的惩罚、严厉、过分干涉、拒绝、否认等因子分均高于对照组，说明品行障碍患儿的父母大都采用了不恰当的教养方式。

3. 社会环境因素

首先，随着社会的不断变迁，人们的价值观念也不断发生着改变，一些“高消费”“性解放”等非理性的观念冲击着未成年人尚不成熟的人生观、价值观。缺乏社会经验的他们，往往会为了满足欲望而罔顾道德规范和社会法纪，使得犯罪行为屡屡发生。

其次，一些报纸、杂志、电影、电视等传播媒介以不恰当的方式报道犯罪，露骨地展示性行为，渲染暴力以招徕读者和观众，也加剧了未成年人品行障碍的患病率。有研究表明，暴力的游戏、电视和音乐会增加青少年的攻击性以及暴力行为，短期接触攻击性信息会提高个体的生理和语言攻击性行为、攻击性观念和情绪体验；而长期接触暴力信息，会导致未成年人习得攻击性图式和攻击性信念，减少对于攻击性的消极感受。

最后，结识不良的交往同伴、团体也是导致品行障碍的重要因素。有学者认为，从某一未成年人的朋友或熟人违法乱纪的次数和频率就可以预测出他将来可能出现的违法行为。由违法乱纪者构成的集体，其成员的道德意识都很薄弱，易于接受不良行为的影响，他们往往难以通过理智的行动和社会所能接受的方式来满足自己的表现欲和被承认的渴望，如打群架、聚众赌博等。

五、未成年人心身障碍

（一）心身障碍的概念

心身障碍是指由于心理因素导致躯体功能出现缺失或改变的一类障碍。据国内外的调查资料表明，心身障碍患者占综合医院各科患者总数的25%~35%，它受到生物因素和心理社会因素的双重影响，其中心理社会因素占据了主导作用。

（二）心身障碍的表现

心理因素对躯体产生的影响主要是通过神经系统、神经内分泌以及免疫系统来进行的，所以心身障碍的表现也十分复杂。对于未成年人而言，常见的身心障碍有以下几种。

1. 哮喘

哮喘患儿出现心理或行为障碍的比率为10.5%~35.0%①，父母的过度保护和剧烈的情绪刺激是主要的成因，患儿多表现出焦虑、抑郁的情绪，常常看不到自己的价值，没有自信。

2. 癫痫

癫痫患儿出现行为问题的比率为28.6%，是普通人群的5倍②；学校考试和家庭冲突是最主要的成因；患儿多表现为焦虑、自卑的情绪，常常自我封闭，不愿与人交往，自我意识差，依赖性强；长期慢性癫痫会带来脑器质性损害，出现精神病的症状或人格的改变。

---

① 常若松，刘时勇，郭双．未成年人健康人格自主培养研究［M］．北京：教育科学出版社，2014：26.

② 常若松，刘时勇，郭双．未成年人健康人格自主培养研究［M］．北京：教育科学出版社，2014：26.

3. 单纯性肥胖症

发达国家最常见的营养障碍，近年来有升高的趋势；不适当的饮食和缺乏运动是最主要的成因；患儿多表现出抑郁、自卑的情绪，不愿参加集体活动，社会适应能力较差。

4. 头痛

14 岁之前，约有 65%的未成年人出现过头痛；不良的情绪以及应激生活事件都可以促发头痛；在学校恐怖症、广泛性焦虑症、抑郁症、癔症都有所表现。[①]

5. 再发性腹痛

常见于 5~12 岁的未成年人，患病率为 5%~10%[②]；这种疼痛没有器质性病变，持续几个小时后会有所缓解，并且往往并不剧烈；患儿多表现出紧张的情绪。

（三）心身障碍的形成因素

1. 应激因素

应激是个体面临或察觉到环境的变化会对机体构成威胁或挑战时做出的反应。应激过程是一种强烈的能量代谢过程，在这一过程中神经内分泌系统会释放诸如茶酚胺、可的松等多种激素，以适应急剧变化的环境刺激。流行病学的调查资料显示，脑力劳动者比体力劳动者更容易受到心身疾病的侵扰，因为他们经常处于紧张或竞争的状态之中，未成年人由于学业上的巨大压力就更是如此。

2. 情绪因素

正性的情绪可以平衡内分泌和协调身体机能；反之，负性的情绪会直接影响大脑皮质对下丘脑内分泌系统及自主神经系统的作用，造成体液、激素和酶等的异常，导致各种急性或慢性内环境的不稳定。有研究显示，

---

① 常若松，刘时勇，郭双．未成年人健康人格自主培养研究［M］．北京：教育科学出版社，2014：27.

② 常若松，刘时勇，郭双．未成年人健康人格自主培养研究［M］．北京：教育科学出版社，2014：27.

未成年人群中心身疾病患者焦虑和抑郁的发生率分别为 49.0%和 37.3%，高于国内综合医院住院患者焦虑和抑郁的发生率（40.3%和 34.8%）。[①]

3. 人格因素

人格因素是与心身障碍密切相关的一大因素。多年来的研究结果表明，冠心病患者通常表现出急躁、紧迫、易冲动、持续的攻击性、精力充沛等人格特征；高血压患者通常表现出主观刻板、求全责备、易激动、易愤怒的人格特征；而癌症患者则表现为内向、多愁善感、小心翼翼、压抑的人格特征；哮喘患者多表现为焦虑、情绪不稳、易受暗示、内向、依赖性强的人格特点。

4. 生活方式因素

现代化的工业以及新兴科学技术的发展使人们的生活方式越来越趋于一种“静坐”的模式，许多未成年人以电视、电脑取代了原本的体育活动，每天一放学就窝在家里。有研究显示，青少年每增加一小时的看电视时间，肥胖的发生率就会增加 2%。[②] 与此同时，快节奏的生活也带来了无穷无尽的压力，一些学校为了升学率，更是用做不完的习题取代了音体美课程，这也加剧了未成年人心身障碍的发病率。

六、未成年人性心理障碍

（一）性心理障碍的概念

未成年时期的性心理障碍是指发生于未成年时期的性心理紊乱行为。这一问题多发生在处于青春期的未成年人身上，由于青春期性生理、性心理、性道德等方面的发展不平衡，容易出现各种各样的性心理问题。

（二）性心理障碍的表现

未成年人性心理障碍主要包括以下几种。

---

① 常若松，刘时勇，郭双. 未成年人健康人格自主培养研究［M］. 北京：教育科学出版社，2014：28.

② 常若松，刘时勇，郭双. 未成年人健康人格自主培养研究［M］. 北京：教育科学出版社，2014：28.

1. 性识别障碍

性识别障碍主要表现为性别认同障碍，即对自己性别的认识和行为与真实的性别特征相矛盾的症状，例如女性的着装与行为偏男性或坚决否认自己所具有的性特征等。

2. 性困惑

性困惑表现为对生理变化缺乏必要的心理准备而产生不适，出现紧张、焦虑、不安、自卑等不良情绪体验。

3. 性敏感

性敏感表现为对书籍、电视、电影中的性描述表现出强烈的好奇心，甚至达到了迷恋的程度。

4. 性压抑

性压抑表现为，未成年人把正常的性心理当作一种罪恶，不断地压抑自己，造成烦躁、焦虑等情绪体验。

5. 性幻想

性幻想本来是一种正常的心理现象，但处于青春期的孩子，思维活跃，自制力差，在强烈的性刺激下有可能“跑偏”，以至于影响正常的学习，取代必要的人际交往，甚至发展为“强迫性性幻症”和“自闭症”。

6. 性倒错行为

性倒错行为是指性对象和满足性欲的方式异于常态，如露阴癖、恋物癖、摩擦癖等。

（三）性心理障碍的形成因素

1. 性教育的缺失

长久以来国人对“性”的话题讳莫如深，因此，学校对于未成年人的性教育相当谨慎，中小学所开设的生理卫生课程对青春期出现的性困惑的解答有限，也较少涉及性道德、性理论、性法制等内容；同时，深受传统文化影响的家长们也无法坦然地与孩子谈论有关性的知识，这就使得我国未成年人的性教育呈现出大面积的空白。由此看来，学校性教育课程的缺失以及家庭性教育的确实是造成未成年人性心理障碍的重要原因。

2. 不良的传播媒介

未成年人性生理发育提前，而性心理发育却滞后，当朦胧的性意识开始觉醒时，他们往往喜欢通过一些报纸、杂志、书籍、影视、网络等便捷的途径来获得相关的知识。据统计，我国未成年人的性知识有70%来自黄色杂志、三级片、同伴或成人网站，24%来自各类书籍，仅有1.66%和1.32%来自学校和家长。[①]

当前，大众传媒的商业性与公益性兼有的特性使得部分媒体在获取自己利益的时候不择手段，电影、电视中的色情镜头，杂志上的黄色内容、网络中的裸体照片等，都在不断鼓吹“性”的乐趣、强调对“性”的追求。充满好奇心的未成年人只要动一动鼠标就能满足“我也试一试”的性欲冲动。如果未成年人缺乏道德和法制观念，这种性欲冲动便会逐步强化，造成性心理障碍，未来甚至会发展成性犯罪。

七、未成年人网络成瘾

（一）网络成瘾的概念

1994年，纽约心理医生戈德伯格最早提出了“网络成瘾综合征”的概念，他认为网络成瘾、是由于过度使用网络而造成沮丧，或是身体、心理、人际、婚姻、经济或社会功能的损害。到目前为止，关于网络成瘾的概念有很多种，但大都囊括了以下几点：一是网络成为生活的中心；二是需要增加上网的时间；三是不能成功减少、控制或停止使用网络；四是一旦减少或停止使用网络会导致无聊、愤怒、抑郁等消极情绪；五是网络使用时间往往超过预定计划。

（二）网络成瘾的表现

未成年人网络成瘾后，开始时只是精神上的依赖，渴望上网冲浪，随后会逐渐发展为躯体上的依赖，表现为情绪低落、头昏眼花、双手颤抖、

① 常若松，刘时勇，郭双. 未成年人健康人格自主培养研究［M］. 北京：教育科学出版社，2014：31.

疲乏无力、食欲不振等。

由于上网持续时间过长，大脑神经中枢持续处于高度兴奋的状态，引起肾上腺素水平异常增高，交感神经过度兴奋，血压升高，体内神经递质分泌紊乱等。这些改变随即引起一系列复杂的生理和生物化学变化，将会导致机体免疫力下降，诱发诸如心血管疾病、胃肠神经官能症、紧张性头痛、焦虑症、抑郁症等疾病。

同时，由于眼睛长时间注视电脑屏幕，视网膜上感光物消耗过多，若未能补充其合成所需物质维生素 A 和相关蛋白质，就会导致视力下降、眼痛、怕光、暗适应能力降低等。

（三）网络成瘾的形成因素

1. 未成年人自身的性格特点

未成年人对新事物敏感且容易接受、寻求自我并实现自我的愿望强烈、好奇心强、渴望友谊和交流、自制力相对较弱，丰富的网络世界刚好能够满足他们在不同时期的各种需要，所以很容易使他们深陷其中、不能自拔。

此外，网络成瘾患者大都表现出一些不良的性格特点，如喜欢独处、不善于交际、敏感、抑郁、倾向于抽象思维、警觉、不服从社会规范等。有调查发现，多数网络成瘾患者患有躁狂症、抑郁症、社交恐怖症。

2. 网络固有的特点

首先，网络的链接方式十分快捷，使用者可以很方便地同时浏览不同内容的网页。这种链接方式非常容易造成“时间扭曲”的现象，即不受到时空的限制，大大扩展了交流的范围和自由度，使得很多未成年人在几次链接之后就忘记了最初上网的目的。

其次，网络的匿名性带来了网络行为的去抑制性，在现实社会中受到各种规则限制的自我，在虚拟的网络世界里可以任意妄为、不受约束。

再次，交流上的即时互动性使平等对话成为可能。非同步的论坛可以就某个话题进行深入的探讨，而同步性的聊天可以使自己的言论立刻得到回应，这就在无形之中强化了上网的行为。

最后，网络信息的先进性更是其他媒体无法比拟的一大特点，新鲜出炉的新闻信息、专业领域的最新动态都可以从网络获得。

3. 社会性分离和人际关系淡漠

市场经济的转变以及现代生活节奏的加快，使人和人之间越来越缺少沟通、缺乏信任，导致人际关系淡漠。网络从某个角度上就成了现代人逃避现实生活、发泄不满情绪、追求安全感和归属感的工具。美国心理学教授约翰·苏勒尔认为，社会的飞速变化，带来了不确定感和焦虑感，以及对残酷社会竞争和沉重社会责任的恐惧与逃避，使许多缺乏社会竞争力的个体选择上网，以期在虚拟的网络世界中寻求暂时的安宁和友情。

4. 缺乏相应的管理措施

我国的教育制度十分缺乏网络信息素养的培养，导致很多未成年人缺少对信息进行收集、选择、判断的能力，因而常常误入不良网站，沉迷于不良网络内容，如游戏、色情、赌博等。并且很多学校只看重学习成绩和升学率，导致未成年人的心理素质及应变能力、控制能力都存在着不足，造成未成年人不能正确地利用网络资源，控制自己的网络行为。

第二章

未成年人人格发展现状及塑造

未成年人理想人格塑造是政府和学术界多年来始终关注的重大问题。未成年阶段是一个人人格形成的关键时期，错失人格培养、塑造的良机，不良后果短期内不明显，而长大后一旦显现出来将难以补救。

本章从未成年人的认知发展、情绪发展、行为发展三个方面来阐述未成年人人格的发展状况及改善策略。

第一节 未成年人认知发展现状及培养

一、认知方式的概念、类型及影响

（一）认知方式的概念

认知方式又称认知风格，它是指个体在认知过程中经常采用的习惯化的方式，具体来说是在感知、记忆、思维、想象和问题解决过程中个体所偏爱的、习惯化了的态度和方式。认知方式的研究最早起源于荣格所提出的心理类型理论，而被称为“认知方式之父”的威特金则开创了认知方式的现代研究，在进行大量实验研究的基础上，提出了著名的场依存型与场独立型的概念。

在此之后，认知方式的研究便成了心理学研究的热点。很多学者认为认知方式不同于智力，也不同于人格，它是介于两者之间的一个联结桥梁。正如威特金等人在《认知方式的实质与成因》一书中提到的：“认知方式理论家的一个主要目标是把有关人类行为的诸领域统一起来。我们认为场依存性理论就提供了一个把诸领域统一在一个共同概念框架中的方法。”心理学家们正试图通过认知方式这个中介，把认知和人格两个分割领域统一起来。

（二）认知方式的类型

认知方式的研究开始于 20 世纪 40 年代，在 70 年代末被介绍到我国。在短短的几十年里，研究者们提出了种类繁多的认知方式类型，教育心理学家格里戈连科和斯腾伯格 1995 年的研究认为可以从信息加工、人格、活动三个基本点对认知方式的类型进行归纳。

1. 信息加工方向

（1）场依存型与场独立型。

该理论是由威特金在垂直视知觉的研究中提出的，他在身体顺应实验、棒框实验和转屋实验等一系列研究中发现了个体对外部环境（场）的依赖程度存在差异，即场独立和场依存的差异。场独立型的人对客观事物做出评价的时候，倾向于利用自己内部的参照物，喜欢自己分析思考，不易受外来因素的干扰和影响；场依存型的人倾向于把外部参照物作为判断依据，在社会环境中喜欢依赖于他人进行自我评定。

场独立型和场依存型的认知方式具有以下特点（表 2-1）：

表 2-1　场独立型—场依存型认知方式的特点①

	场独立型	场依存型
知觉	脱离周围场或环境感知事物	依靠周围场或环境感知信息
问题解决	对别人提供的社会线索不敏感；以事实为基础；善于抓住问题关键，运用已有知识来独立解决问题	比较注意别人提供的社会线索；依据他人观点做出判断；缺乏灵活性，独立性少；易于接受外来的暗示
动机	参照标准来自内部，以内在动机为主	以外部参照作为信息加工的依据
学习	喜欢独立学习，喜欢尝试新任务；无须教师帮助；偏爱自然科学、数学；对无结构性材料感兴趣；关心概念与抽象原则	喜欢与他人共同学习；希望得到教师的指导与赞扬；善于学习关于社会的知识；偏爱社会科学、人文科学；需要提供严密结构教学；处于被动地位；优先注意所参与的人与人之间关系的情况
人际关系	对他人不感兴趣；行为是非社会的定向；不善于人际交往；社交能力差；喜欢孤独的与人无关联的状态；属于任务倾向	对他人兴趣浓厚；行为是社会定向的；善于与人交往；情感公开；属于社会倾向

（2）冲动型-沉思型。

美国心理学家卡根从个体对问题的思考速度上区分出了两种不同的认知方式：冲动型和沉思型。冲动型的特点是反应快，但精确性差；沉思型的特点是反应慢，但精确性高。在有多种选择方案的问题情境中，沉思型的个体往往在做出决策之前会进行反复的思考、酝酿，综合考虑各种因素，从而选择出最佳的解决方案。而冲动型的个体，往往急于验证假设，

① 常若松，刘时勇，郭双．未成年人健康人格自主培养研究［M］．北京：教育科学出版社，2014：90.

缺乏系统的思考，导致频频出错。

（3）继时型-同时型。

加拿大心理学家达斯等人对脑功能的研究发现，左脑占优势的个体表现出继时性加工的认知方式，而右脑占优势的个体则表现出同时性加工的风格。继时性认知方式的个体在解决问题的时候，每一个步骤只考虑一种假设，一步一步地分析问题。同时性认知方式的个体可以同时考虑多种假设，兼顾各种可能性和影响因素。言语和记忆等过程属于继时性加工，而数学和空间等过程属于同时性加工。

2. 人格方向

（1）心理类型论。

瑞士心理学家荣格将人格划分为外倾型和内倾型两大类。外倾型的人受客观现实所支配，喜好交往，适应性良好；内倾型的人以自我为中心，注重自己的内心体验。荣格在此基础上提出了感觉、思维、情感和直觉四种机能，由此衍生出八种类型：外倾感觉型、内倾感觉型、外倾思维型、内倾思维型、外倾情感型、内倾情感型、外倾直觉型、内倾直觉型。

（2）MBTI 模型。

布里格斯和迈尔斯在荣格的基础上，增加了判断—知觉这一新的维度，提出了 MBTI 模型，它包括：内倾—外倾，表示心理能力的倾向性；感觉—直觉，表示某种与获得信息相关的心理功能或知觉过程；思维—情感，表示与个体做出判断相关的某种心理功能或过程；判断—观察，表示与外界相处时的态度或倾向性。

3. 活动方向

（1）学习风格模型。

瑞丁等人根据心理计量设计、对学习的理解和与学习策略形成的关系三方面的相似性，并基于学习过程、学习定向、教学偏好以及认知技能发展提出了四种学习风格模型。前三种关注学习的过程及情境，后一种关注个体的认知能力的形成、认知技能的贮存和学习能力，同时也更为关注那些被认为构成个体的学习侧面的相关行为特征。到目前为止，已有 30 多种有关学习风格的理论和模型，瑞丁将其分为了四大类（表 2-2）。

表 2-2　学习风格模型①

分类	维度	关键特征	评估方法
基于学习过程的风格模型	具体经验/观察反应/抽象概括/主动实践	包含知觉维度（具体/抽象）和加工维度（主动/反映性加工）	学习风格量表（LSI）
	积极型/沉思型/理论家型/实践家型	构成个体的学习方法的学习方式偏好	学习风格问卷（LSQ）
基于学习定向的风格模型	深层定向/表层定向/策略性定向/缺少方向/学业自信心	把教学偏好整合到个体学习中的信息加工	学习方式量表（AS1）
	表层—深层成就定向/内部—外部成就定向	把学习方法和动机定向整合在一起	学习过程问卷（SPQ）
基于教学偏好的风格模型	环境的/社会的/情绪的/身体的/心理的成分	学习者对关键刺激的反应：环境，社会性，情绪，身体，心理	学习风格量表（LSI）
	参与—回避型/合作—竞争型/独立—依存型	一种社会性交互作用的测量，一个构念下形成的三个两极维度，描述学习者对学习情境所采取的典型的反应方式	学习互动风格问卷（SLSS）

① 常若松，刘时勇，郭双．未成年人健康人格自主培养研究［M］．北京：教育科学出版社，2014：93.

续表

分类	维度	关键特征	评估方法
基于认知技能发展的风格模型	视觉型/言语符号型/听觉型/情绪感受型	根据知觉通道界定学习风格	艾德蒙茨学习风格鉴定练习
	认知技能/知觉反应/学习和教学偏好	在学习风格构念中区分出 24 个元素，并组织成三个维度。认为认知技能的发展是有效学习的前提条件	学习风格测查表（LSP）

（2）教学风格模型。

美国管理学家利皮特和怀特 1952 年根据教师不同的教育指导态度，将教学风格分为三种：权威型、放任型、民主型。赫颂和博斯维科则在 1984 年的研究中将教学风格分为六种：任务导向型、合作计划型、儿童中心型、学习中心型、学科中心型、情绪兴奋型。

（三）认知方式对健康人格的影响

健康人格的形成与发展受到个体认知方式的影响，健康的人格往往来自健康的认知，而不健康的人格往往来自不健康的认知。

人的心理活动是非常复杂的，因而其认知能力也是有限的，当不合理的认知方式成为一种稳定的思维方式后，它便具有了无意识性和自动性，成为许多人的一种“习惯”，到时想要认识到其中的不合理性就会变得非常困难，例如在社会交往中常见的首因效应、近因效应、刻板印象、光环效应等。这些歪曲的、不合理的、消极悲观的信念或思想，往往会导致情绪障碍和非适应性行为，影响个体的心理状态。

学者李寿欣、贾广珍对 361 名高中生的认知方式和焦虑水平进行了测量，他们先采用镶嵌图形测验把被试分为场依存、场独立两种类型，随后对其进行心理健康诊断测验，发现与场独立型的学生相比，场依存型学生体验到更多的焦虑，具体表现在对考试有较多的恐惧心理、无法安心学习、抗干扰能力弱、体验到更多的自卑、怀疑自己的能力、容易为小事情烦恼、自制力差等方面。①

还有研究者对不同认知方式个体的自主努力程度进行了研究，发现场独立型的人其自主努力程度更加突出，具有较高的内在学习动机，相反，场依存型的人其内在学习动机就较低了。当具有很高的内在动机的场独立个体感受到较高程度的焦虑时，会对其学习成绩产生较大的负面影响，而不良的学习成绩又会导致低迷的学业情绪，致使学生无法专心学习，这样就陷入一种恶性循环之中，对于健康人格的发展也是极其不利的。

由此可见，未成年人在认知方式上的差异，是一种极为重要的个体差异，它往往通过学习这一主要任务来直接影响个体的情绪状态和行为表现，进而影响健康人格的形成和发展。因此，改变未成年人的不合理认知、优化其认知方式是消除消极情绪、建立适应行为、培养健康人格的关键切入点。

二、未成年人认知发展现状

（一）未成年人认知发展具有明显的阶段性

通过心理学家对未成年人认知方式的广泛研究，我们发现未成年人认知方式的发展具有比较明显的阶段性特征。

沈德立等人采用《中国青少年心理健康素质调查表·认知风格分量表》，比较了不同年龄段的未成年人认知风格的发展变化情况。该量表的认知风格维度包括：（1）认知方法（灵活—单一）；（2）认知加工（整体—局部）；（3）认知决策（自我—场景）；（4）认知行为（独立—合作）；（5）认知倾向（冒险—稳重）。通过对参加调查的44063名被试的认知风格数据进行分析发现：从小学五年级到初中二年级阶段，未成年人认知风

① 李寿欣，贾广珍．高中生的认知方式与焦虑和学习成绩的关系［J］．山东师范大学学报：人文社会科学版，2008（1）：5.

格各维度的发展变化波动较大，特别是在认知加工、认知行为、认知倾向三个维度上，表现为未成年人倾向于由局部转向整体，由独立转向合作；从初二年级到高三年级阶段，青少年在认知决策、认知方法、认知加工、认知行为方面的变化并不明显，但是认知倾向维度的发展出现了转折，在高一年级之前，未成年人的认知倾向从冒险向稳重过渡，并逐渐保持稳定；到了高三年级之后，未成年人的认知风格整体上转向依赖场景、灵活和整体的认知风格。①

（二）未成年人认知方式因性别而不同

对不同性别的未成年人认知方式发展趋势的研究发现，随着年级的升高，男女未成年人的认知风格发展变化的趋势基本相似，即在认知方式的发展水平上没有差异，但却表现出不同的发展特点。通过进一步比较可以发现，男生倾向于独立的、整体的、具有冒险性的认知方式，而女生倾向于合作的、局部的、稳重的认知方式。

男女未成年人认知方式上的这种差异可能和他们的思维特点有关。有研究表明女性的思维较为感性，富有情感，而男性的思维较为理性，善于思考。还有研究者认为男生在思想和感觉维度上占优势，而女生在感情和直觉维度上占优势。这说明女性在认识客观事物的过程中更为感性，而男性则更多地倾向于理性。

（三）未成年人认知方式因环境而不同

1. 不同居住环境的未成年人认知方式不同

有研究发现，大、中城市的未成年人更倾向于灵活的、独立的、整体的、具有冒险性的认知方式；而小城镇、农村的未成年人则倾向于单一的、合作的、局部的、稳重的认知方式。这是因为大中城市的学生课业生活丰富，他们思想开放，兴趣广泛，与农村的孩子相比更加自信，喜欢冒险。

---

① 沈德立，马惠霞，白学军．中国青少年心理健康素质调查研究［J］．天津师范大学学报（社会科学版），2008（05）：71-75.

2. 不同家庭环境的未成年人认知方式不同

未成年人认知方式的家庭环境差异主要体现在父母受教育水平、家庭收入水平等方面。

以往的研究表明，父母的受教育水平越高，其管理方式就越民主，越宽松；而父母的受教育水平越低，其管理方式就越专制，越严厉。在民主、宽松的家庭氛围中，未成年人容易形成合作的认知方式；而在专制、严厉的家庭环境中，未成年人容易产生逆反心理，从而表现为单一、局部的认知风格。

此外，低收入的家庭倾向于合作的认知风格，高收入的家庭则倾向于独立、冒险的认知风格。

3. 不同学校类型的未成年人认知方式不同

相关研究表明：不同类型学校的未成年人，其认知方式的发展趋势具有相似性，但发展水平具有差异性。

由于国家近年来加大了对一般学校教学资源的投入，所以其教育质量和重点学校相比并不存在太大的不足，这从根本上削弱了由学校类型引起的学生认知方式发展趋势上的差异。但是来自重点学校的学生还是更多地倾向于灵活的、独立的、冒险的认知方式；而来自普通学校的学生则倾向于采用稳重的、合作的认知方式来处理、解决问题，这可能是受到长期以来对不同类型学校形成的刻板印象的影响。

三、影响未成年人认知方式的因素

（一）生理因素影响未成年人的认知方式

认知方式到底是由生理因素决定还是由环境因素决定，一直是争论不休的话题，很多心理学家从生理学、遗传学、神经科学等方面进行了广泛的研究。

沃贝尔的研究表明，激素水平与认知方式的发展有很大的关系。青春期前，男性与女性在场依存方面的差异并不明显；而青春期后，女性比男性更倾向于场依存。

威特金和古迪纳夫 1977 年发现，具有相同 X 染色体的兄弟在棒框测验和镶嵌图形测验中的相关性明显高于具有不同染色体的兄弟，说明场独立—场依存与 X 染色体有关。

瑞丁等人认为，如果环境因素对认知方式起主导作用的话，那么就说明父母支持这一因素会直接影响认知方式的形成。他们对家庭背景与认知方式之间的关系进行了研究，以 432 名 12 岁儿童为研究对象，由教师根据家长对孩子可能提供的支持按照由高到低五个等级进行评估，结果发现学生的家庭背景与其形成的认知方式没有明显的关系，所以他们认为认知方式具有先天遗传的基础。

以上研究结果表明，生物学因素确实对认知方式的发展有很大的影响，并且具体体现在激素、DNA 等生理水平上，因此我们应当从遗传学、神经科学、生理心理学等途径入手，改善个体的身体状态以促进健康人格的发展。

（二）性别因素影响未成年人的认知方式

有关于性别对认知方式的影响，其结论多表明：女性倾向于更加直觉、保守、细致的认知方式；而男性则倾向于更具分析性、开放性和整体性的认知方式。

王一澜的研究表明男性的掩饰性明显要高于女性，随着年龄的增长，其掩饰性还会越来越强。[①] 男性在社会环境中需要扮演各种不同的角色，他们把更多的时间放在事业上，因此常常承受着更大的压力，他们有时不得不学着用圆滑的方式为人处世。而对于女性而言，她们会把更多的精力放在照顾自己的家庭上，更擅长于处理细微的事情。这一点也很好地解释了为什么在很多的中小学学校里，领导者和管理者多为男性，而工作在教学第一线的多为女性，因为前者的工作对象一般为成年人，需要运用一定的社交手段，而后者的工作对象一般为未成年人，在交往过程中不需要过

① 王一澜. 人格特质和认知方式关系的调查研究［J］. 中国电力教育，2011（29）：158-159+161.

多的掩饰。

男性和女性在认知方式上的差异提醒我们，在对未成年人进行心理健康教育和学习辅导时，应针对其各自不同的特点采用不同的方法策略。

（三）家庭教育因素影响未成年人的认知方式

维果斯基认为，儿童认知能力的发展受到各种社会因素的影响，其中在问题解决过程中成人所创造的环境及其提供的指导是十分重要的，而这种指导就体现在父母的教养方式上，通过这些指导，儿童的认知能力才能超越现有水平而向前发展。比如，父母亲重视孩子的整体表现而不注重细节，就可能培养出讲究整体性认知方式的儿童；反之，注重细节的父母可能培养出讲究局部性认知方式的儿童。由此看来，儿童所展示的认知方式实际上就是父母认知方式的一个缩影，并且主要通过教养方式来进行传递。

专制型的父母往往采用严厉、高压、强迫命令式的教育，只从自身的主观意愿出发，不考虑孩子的内心想法，容易使孩子发展为顺从、胆小、懦弱、缺少自信的性格，或是走上另外一个极端，变得冷酷、叛逆、暴力。溺爱型的父母对孩子百依百顺，包办孩子的所有活动，子女会表现出任性、自私、责任感低、独立性差、依赖性强、缺乏创造力和想象力、社会适应能力差等。放任自流型的父母只关注自己的工作和事业，对孩子缺少关心和教育，这样的环境下成长起来的孩子性格比较内向、孤僻，对人冷淡，兴趣狭窄，缺乏理想和追求。以上的这些教养方式对未成年人的身心发展是极为不利的，它会直接影响到未成年人的情绪状态和行为表现，而长时间处于这种不良的教养方式之中，势必会影响认知方式的固化以及健康人格的形成。

有些研究者研究了智力、父母教养方式与孩子学习成绩的关系，发现优等生与差生的父母在教养方式上有明显的差异。前者偏爱温暖与理解，后者偏爱惩罚与干涉，而这种差异导致的后果是：优等生体验到较多的信任和安全感，能够形成良好的个性与学习习惯，很少产生不合理的信念，有着正确的认知方式，其人格的发展也趋向于积极、稳定的一面；相反，差等生体验到较多的孤独和自卑感，他们厌学、对学习缺乏信心，没有良好的学习习惯，并常常不能意识到自己的不合理信念，其人格的发展便趋向于消极、混乱的一面。

（四）学校教育因素影响未成年人的认知方式

如果说在未成年人成长过程的早期，家长对其认知方式的塑造起到了非常重要的作用，那么一旦进入学校，未成年人所面临的环境就更具有明显的价值导向。如果未成年人不能按照一定的教育模式发展，他们很可能被界定为社会适应不良。也就是说，学校环境对未成年人人格的塑造起着极为重要的强化作用，将直接影响到他们认知方式的形成与发展。

在学校环境中，教师是学生最经常接触与最具权威的榜样，教师每天与学生接触6~9个小时的时间，甚至更长，这个时间远远多于家长，使其更容易用自己的认识、情感、意志、行为去影响学生。有研究者研究了学生认知风格与教师教学策略之间的关系，发现综合利用多种教学策略的教师，其学生的学习成绩更好，认知风格也更趋向于场独立型。因为在教学的各个环节中，不同的教学策略可以使学生都参与到新知识的学习中，并逐渐产生新的学习能力并在新的情境中进行迁移，由此学生的认知结构渐趋完整。概括来说，教学策略与学生认知方式的形成具有因果关系，学生在教师教学策略的引导下，认知策略会发生改变，继而学习策略也会跟着改变，从而促使其认知风格的逐渐形成。

由此可见，“身教胜于言传”的道理正在于此，教师对教育工作的责任感、自身的品德修养、优秀的教学能力……对学生的影响是非常重大的，它直接影响到学生的学习态度、行为表现，继而影响到认知风格的形成以及健康人格的发展。

四、未成年人认知方式的培养

（一）重视家庭教育方式

世界上没有两片完全相同的叶子，同样，也没有完全相同的认知方式。因而，在对未成年人认知方式的培养过程中，不论是家长、老师还是整个社会，都要本着因势利导、因材施教的原则，根据未成年人自身的不同特点，采用灵活的方式进行培养。

父母是孩子的第一任老师，家庭是孩子的第一个课堂，因此，提高父母在培养孩子良好认知方式方面的意识尤为重要。作为父母，首先应该清楚地了解自己孩子的特性以及不同认知方式的特点，学会从不同的角度去赏识孩子，认识到各类认知方式的不同，做好相应的回应策略。例如，有的孩子非常急躁，做事情的时候往往不考虑后果，被贴上了“冲动型”的标签，但是如果父母能够意识到认知方式其实并不存在好坏之分，就会发现冲动型的人在行为上具有敏捷性的优点。接下来，父母就需要帮助孩子去完善他的认知方式，保留优点，改善缺点。还是以冲动型为例，由于未成年人思维与行动的冲动，作为家长要帮助他们扬长避短，在发挥自己特性的基础上，学会积极主动地融合其他认知方式的优点，既保证自己在处事时的行动力，又培养了全面思考问题的能力。最后，家长们还要注意到自己的认知方式给孩子带来的影响，学会换位思考，三思而后行。

（二）优化学校教育方式

1. 灵活运用多种教学策略

不同的教学策略都有其利弊，想要有效地利用教学策略与认知方式之间的因果关系，想要充分地调动学生的积极性和主动性，就必须灵活地运用各种教学策略，使学生最大限度地投入到教学活动中来。

有国外学者认为教学品质与学生的情绪息息相关，好的教学品质能促使学生产生积极的情绪，反之，不良的教学品质会使学生产生消极的情绪，也就是说，良好的学习环境、合作的班级气氛以及教师的关注行为都会增加学生的积极情绪；处于竞争的学习氛围中，受到教师的批评，同伴关系不融洽等就会使学生产生如焦虑、愤怒等消极情绪。因此，教师在平时的教学或活动过程中可加入游戏、比赛等多种多样的活动，这样不仅可以让更多的学生参与到其中，同时还可以创设愉快与轻松的氛围。教学品质提高了，教学活动变得丰富有趣，学生自然体验到更多的积极情绪，在面对学业任务时更具有上进心和求知欲，并且充满希望和信心，良好的认知风格也就在教学过程中逐渐得到巩固。

2. 提高师生认知方式的适配性

在教学过程中，如果教师所采用的教育策略、指导方法与受教育者的认知方式相适应，就能更大程度地促进其发展，反之则可能阻碍其发展。

杨治良和郭力平认为：当教师的认知方式与学生的认知方式完全匹配时，学生的学习适应性最好；当师生认知方式类型不匹配时，学生的学习适应性较差；而当师生的认知方式类型部分匹配时，学生的适应性居中。① 然而，在现实的教育活动中是不可能按照认知方式的类型给学生进行分类教学的，不仅如此，学生所表现出的个体差异也不仅仅只受到认知方式的影响，那么认知方式对现实教育的启示作用要如何去实现呢？

耶茨认为，针对认知方式的不同，教师要在教学中把握好对时间的控制。不同认知风格的学生在解决特殊问题时所需的时间是有差异的，例如一个喜欢观察细节的学生，并不一定不具有反应整体的能力，只是需要更多的时间和他人的引导、鼓励而已。每个人获得一定水平技能所需的时间都是不同的，这是教育心理学的基本原则，而对于认知方式的培养也应该有其特殊的意义。

3. 加强未成年人的认知引导

艾利斯认为“人的大部分情绪困扰和心理问题都来自不合理的认知”。在现实生活中，由认知的选择性所带来的心理过滤，往往使人很难做到客观、全面，特别是对涉世不深、生活单一、受到的正面鼓励多、遇到的挫折少的未成年人来说，就更容易出现认知偏差等问题。

因此，学校应该加强学生对认知方式的认识，广泛开展心理健康教育，使未成年人了解认知发展的规律、特点及自身认知发展的水平、不同认知方式的特点。通过常规或特殊训练，帮助未成年人挖掘和认识到自身

---

① 杨治良，郭力平．认知风格的研究进展［J］．心理科学，2001（03）：326-329.

的不良认知，并学会对认知进行调控，完善自己的认知方式。

（三）培养未成年人积极乐观的人生态度

一个人有什么样的世界观、人生观就决定着他有什么样的思考模式，有什么样的认知方式，同时还影响着他的意志、需要、动机、兴趣等心理活动的进行。认知方式教育中如果能很好地解决未成年人在人生观、价值观上遇到的问题，也就从根本上解决了其人格健康发展的动力机制。

因此，应高度加强理性教育和认知训练，通过课堂教学、理论知识讲座、专题报告、社会调查研究等方式，使未成年人学会正确地观察、分析和理解客观事物与社会现象，学会以冷静、稳妥、积极的态度审视人生，正确认识自身、他人以及环境，认真地去对待生活。在当今社会，我们不仅要求未成年人能灵活运用语言，创造性思维和想象，树立正确的人生观，而且还应该具有高尚的情操，能用正确的社会行为规范和价值标准来控制自己的行为，即追求知、情、意、行的统一，避免知、情、意、行相互冲突，培养未成年人积极乐观的人生态度，形成健康的认知方式，遇事多看积极的一面，不要对于自己不利的事情耿耿于怀。

第二节　未成年人情绪发展现状及调节

一、情绪的概念与分类及影响

情绪作为一种基本的心理过程，对人的生活和工作有着十分重要的影响作用。面对不同的刺激事件，不同的人会出现不同的情绪反应。情绪反应程度过高，就会对人的身心产生不良影响。适宜的情绪体验是人与周围的人和环境交流与沟通的手段之一，对自我情绪的调节和控制能够帮助人们更好地适应社会环境的需求，有利于身心健康。同时，情绪作为一种主观体验和人格特质，会直接影响人的活动方向、行为的选择以及人格的形成，对个体的生存和生活有着重要的价值。

（一）情绪的概念

每个人在生活中都曾体会到不同的情绪变化，但如何给情绪下个准确的定义却并非易事，因为情绪本身是一种多维度、多形态和多功能的复合体，是一种十分复杂的心理过程。

斯托曼给情绪下的定义是：“情绪是感受，是与本身结构有关的身体状态，它是粗糙的或经过精化的行为并发生于特定的情境之中。”实际上，包括斯托曼在内的众多情绪研究者大多从三个方面来考察或定义情绪：主观体验、生理唤醒和外在行为。

情绪的主观体验是大脑的一种感受状态，是心理活动中一种带有独特的享乐色彩的知觉或意识。一般所谓的“情绪感受”是指情绪的主观体验。我们会对不同的事物有不同的主观体验，有些事物使我们感到愉悦与快乐，有些则使我们感到厌恶。当我们产生某些情绪体验时，身体内部也会发生相应的变化，这是情绪的第二个基本成分——生理唤醒。任何一种情绪都伴随着一定程度的生理唤醒。例如，当我们害怕时，身体上会出现许多变化：心跳和呼吸加快、四肢发抖、手脚冰凉、冒虚汗、肌肉紧张等。情绪的第三个成分是外在行为。情绪总是伴随着相应的面部表情和身体姿势，当我们体会快乐的情绪时便会有笑的表情，甚至手舞足蹈；当我们害怕时便会睁大眼睛，喊出声音，以致做出逃跑的动作。

（二）情绪的分类

从生物进化的角度来看，人的情绪可以分为基本情绪和复合情绪。基本情绪是人与动物共有的，在发生上有着共同的原型或模式，它们是先天的，本能的，每一种基本情绪都具有独立的神经生理机制、内部体验和外部表现，并且有不同的适应功能。复合情绪则是由基本情绪的不同组合派生出来的。

伊扎德确定基本情绪的标准为：基本情绪是先天生成、本能的，并具有分别独立的外显表情、内部体验、生理神经机制和不同的适应功能。按照这个标准，伊扎德用因素分析的方法，提出人类具有8~11种基本情绪，它们是兴趣、惊奇、痛苦、厌恶、愉快、愤怒、恐惧、悲伤以及害羞、轻蔑和自罪感。由此产生的复合情绪有三类，即基本情绪结合、基本情绪与驱力结合、基本情绪与认知结构复合。基本情绪与复合情绪分类举例如表2-3和表2-4所示。

表2-3 基本情绪

基本情绪		身体驱力	感情—认知倾向
兴趣	厌恶	饥饿	内、外倾
愉快	轻蔑	干渴	嫌恶
惊奇	恐惧	疲劳	活跃
痛苦	羞涩	疼痛	沉静
愤怒	内疚	性	多疑

表2-4 复合情绪

基本情绪结合	基本情绪—驱力结合	基本情绪—认知结构复合
兴趣—愉快	兴趣—性驱力	自卑—痛苦
痛苦—愤怒	疼痛—恐惧	自卑—痛苦
恐惧—害羞	疲劳—厌烦	沉静—害羞
轻蔑—厌恶—愤怒	性驱力—兴趣—享乐	多疑—恐惧—内疚
恐惧—内疚—痛苦—愤怒	疼痛—恐惧—愤怒	活力—兴趣—愤怒

克雷奇、克拉奇菲尔德和利维森等人把情绪分为以下四类：第一，原始情绪，将快乐、愤怒、恐惧、悲哀视为最基本的或原始的情绪；第二，与感觉刺激有关的情绪，包括疼痛、厌恶和轻快。这类情绪可以是愉快的，也可以是不愉快的；第三，与自我评价有关的情绪，包括成功的与失败的、骄傲与羞耻、内疚与悔恨等，这些情绪取决于一个人对自身行为与客观行为标准的关系的觉知；第四，与他人有关的情绪，发生在人与人之

间的情绪种类似乎无限繁多，按照积极的与消极的维度，可以把它们分成爱和恨两大类。

情绪分类的环形模式是罗素提出的。他认为情绪可以划分为两个维度：愉快度和强度。愉快度可分为愉快与不愉快，强度分为中等强度和高等强度。由此可以组合成四个类型：愉快—高等强度是高兴，愉快—中等强度是轻松，不愉快—高等强度是惊恐，不愉快—中等强度是厌烦。

（三）情绪状态的分类

情绪状态是在某件事情或情境的影响下，在一定的时间内所产生的某种情绪，其中较典型的情绪状态有心境、激情和应激三种。

1. 心境

心境是指人比较平静而持久的情绪状态。心境具有弥漫性，它不是关于某一事物的特定体验，而是以同样的态度体验对待一切事物。

心境持续时间有很大差别。某些心境可能持续几小时，另一些心境可能持续几周、几个月或更长一点的时间。一种心境的持续时间依赖于引起心境的客观刺激的性质，如失去亲人往往会使人产生较长时间的郁闷心境。一个人取得了重大成就，在一段时间内会使人处于积极、愉快的心境中。人格特征也能影响心境的持续时间，同一心境对某些人的影响较小，而对另一些人影响则较大。性格开朗的人往往受心境影响的时间较短，而性格内向的人则受影响时间更长。因此，心境持续时间的长短与人的气质、性格有一定的关系。

心境产生的原因是多方面的。生活中的顺境和逆境、工作中的成功与失败、人与人之间的关系是否融洽、个人的健康状况、自然环境的变化等，都可能成为引起某种心境的原因。

心境对人的生活、工作、学习、健康有很大的影响。积极向上、乐观的心境可以提高人的活动效率，增强信心，对未来充满希望，有益于健康；消极悲观的心境会降低认知活动的效率，使人丧失信心和希望，经常处于焦虑状态，有损于健康。人的世界观、理想和信念决定着心境的基本取向，对心境有着重要的作用。

2. 激情

激情是一种强烈的、爆发性的、为时短促的情绪状态。这种情绪状态通常是由对个人有重大意义的事件引起的。重大成功后的狂喜、惨遭失败后的绝望、亲人突然死亡引起的极度悲哀、突如其来的危险所带来的异常恐惧等，都是激情状态。

激情状态往往伴随着生理变化和明显的外部行为表现。例如，盛怒时全身肌肉紧张，双目怒视，怒发冲冠等；狂喜时眉开眼笑，手舞足蹈；极度恐惧、悲痛和愤怒后，可能导致精神衰竭、晕倒、发呆，甚至出现激情休克现象，有时表现为过度兴奋、言语紊乱、动作失调。

激情状态下的人往往出现“意识狭窄”现象，即认知活动的范围缩小，理智分析能力受到抑制，自我控制能力减弱，进而使人的行为失去控制，甚至做出一些鲁莽的行为或动作。人能够意识到自己的激情状态，也能够有意识地调节和控制它，任何人在对激情状态下的失控行为所造成的不良后果都要负责。

然而激情状态并不总是消极的。由于人在激情状态下注意力集中在单一领域内，对该领域的细微变化异常敏感，并伴有创造的突发性，往往会取得较好的成就。

3. 应激

应激是指人对某种意外的环境刺激所做出的适应性反应。例如，人们遇到某种意外危险或面临某种突然事故时，必须集中自己的智慧和经验，动员自己的全部力量，迅速做出选择，采取有效行动，此时人的身心处于高度紧张状态，即为应激状态。例如，正常行驶的汽车意外地遇到故障时，司机紧急刹车；战士排除定时炸弹时的紧张而又小心的行为等。在这些情况下，人们所产生的一种紧张特殊的情绪体验，就是应激状态。

应激状态的产生与人面临的情境以及人对自己能力的估计有关。当情境对一个人提出了要求，而他意识到自己无力应付当前情境的过高要求时，就会体验到紧张而处于应激状态。

人在应激状态下，会引起机体的一系列生物性反应，如肌肉紧张度、血压、心率、呼吸以及腺体活动都会出现明显的变化。这些变化有助于适应急剧变化的环境刺激，维护机体功能的完整性。应激状态对人的身心影响最剧烈，在某些情况下可能是导致疾病的机制之一。

（四）情绪对人的影响

从心理卫生学的角度看，任何一种情绪的产生都是个体对内外刺激的一种反应，都具有其生理和心理价值。愉快、高兴的心情对人的身心健康是有益的，即使像焦虑、恐惧、愤怒等消极情绪，只要是由适当的原因引起的，就有其存在的价值和意义。这类情绪对人的生理、心理功能是一种信号、一种自我保护、一种自我调整，是人的自我防御机制。这里的关键是情绪的“度”，即情绪的反应在性质、强度、紧张度等方面要与引起情绪反应的刺激相适应，要适时、适度。通过实际考察就会发现，消极情绪不只对人有消极影响，有时也能促进人的活动效能；同样，积极情绪也并非总是对人有利，人在兴奋状态下经常出现情绪异常，比如范进中举而发狂就是情绪过于激动导致的异常。我们把那种过度的情绪反应和持久的消极情绪称为不良情绪，不良情绪会危害人的身心健康。过度情绪反应包括因重要事件反应过于强烈，因一点小事反应过分，也包括对重大事件的反应过于迟钝，无动于衷，冷漠无情。持久性的消极情绪是指引起消极情绪的刺激因素消失后，在相当长的时间里仍然难以摆脱困扰，沉溺在消极状态中不能自拔。无论是不良情绪还是过度情绪，如果持续的时间较短暂，不会对人的身心造成重大伤害；持续时间较长，则不仅对人当时的生理、心理产生影响，还会影响人以后的情绪状态，使自己很容易陷入情绪低潮中不易解脱出来。

1. 良好情绪促进身心健康

良好、愉快的情绪有利于身心健康。良好的情绪不仅是维护心理健康的保证，还是促进生理健康的有效途径。因为，良好的情绪取代引起神经和精神紧张的不良情绪，可以减少对机体的不良刺激，保持人体内分泌功能的适度平衡，保证全身各个系统、器官功能的协调和健全。

人在情绪波动较剧烈的情况下，体内的激素分泌就会显著变化。激素直接影响生命的基本单位——细胞。细胞具有遗传与变异的特性，能够不断自我更新，自我复制。细胞是身体的基本结构，它对身体的影响是全方位的，包括健康、情绪、思维等。稳定的情绪状态可使体内激素分泌达到较长时间的平衡。心理变化使生理发生变化，而生理变化又反过来影响人的心理状态，二者相互影响，互为因果。因而，保持一个良好的情绪状态才更有利于身心的健康发展。

2. 不良情绪导致心理障碍

过度的尤其是过于强烈的情绪反应或是持久的消极情绪，对人的大脑神经系统有较大的影响。突然而强烈的紧张情绪冲击会抑制人的大脑皮层的高级神经活动，破坏高级神经系统兴奋与抑制功能的平衡，使意识范围狭窄，理智感减弱，正常判断力降低，失去自制力，甚至可能使人精神错乱，行为失常，反应性精神病就是这样引起的。持久性的消极情绪常常会使人的大脑功能严重失调，从而导致各种神经症和精神病。

巴甫洛夫曾说："一切顽固沉重的忧郁和焦虑，足以给各种疾病大开方便之门。"不良情绪在影响了神经系统功能之后，进而影响内脏器官的功能，从而损害人的生理健康，因为人的内脏器官是受植物性神经系统调节的，影响最大的是心血管系统、消化系统。美国一位生理学家研究心理状态对人的健康的影响，他将人们在不同情绪状态下呼出的气体收集在玻璃试管中冷却，结果发现：心平气和时呼出的气变成的水澄净透明，无杂无色；悲痛时呼出的气变成水，有白色沉淀；生气时呼出的气变成水，有紫色沉淀。接着他将人在生气时呼出的气变成的"水"注射到大白鼠身上，几分钟后大白鼠死亡。经过实验他得出结论，如果一个人生气 10 分钟，其所耗费的精力，不亚于参加一次 3000 米的赛跑；人生气时，很难保持心理平衡，同时生理反应非常剧烈，体内还会分泌出带有毒素的物质，对健康十分不利。因此，脾气暴躁的人很难健康。日本学者在对大量职员的调查中发现，经常生气、发怒、攻击性很强的人以及非常压抑的人，其抗癌免疫细胞的免疫力会下降。恐惧、悲哀会造成胃黏膜变白、胃酸停止分泌，引起胃消化不良；愤怒、焦虑会使人的胃充血、胃酸分泌增多，导致胃溃疡；情绪波动过大、易冲动、压抑与高血压有很大的关系；激动、好斗、暴躁易产生冠心病。长期的消极情绪的过度刺激，会使兴奋与抑制功能失调，从而使人的内分泌功能紊乱，免疫能力下降，大大增加人体患病的概率和可能性。青年学生中常见的消化不良、紧张性头痛、心律失常、月经失调等都和不良情绪有关。

二、情绪的相关理论

对于情绪的实质，在早期研究的基础上，许多近现代思想家，特别是心理学家对其做了深入、系统、全面的研究，并提出了对情绪实质做出各自解释的心理学理论。

（一）情绪的生理理论

1. 情绪的外周理论

20 世纪 80 年代，美国心理学家詹姆斯和丹麦生理学家兰格分别于 1884 年和 1885 年提出了内容相近的情绪理论，他们认为情绪是植物性神经系统活动的产物。后人称他们的理论为情绪的外周理论，即詹姆斯—兰格情绪学说。

詹姆斯根据情绪发生时引起的植物性神经系统的活动，和由此产生的一系列机体变化提出，情绪就是对身体变化的知觉。兰格认为情绪是内脏活动的结果。他特别强调情绪与血管变化的关系：“情感，假如没有身体的属性，就不存在了。”“血管运动的混乱、血管宽度的改变以及各个器官中血液量的改变，乃是激情真正的最初的原因。”他们的共同点是都认为情绪刺激引起身体的生理反应，而生理反应进一步导致了情绪体验。

2. 情绪的丘脑学说

坎农不同意詹姆斯和兰格的看法，对他们的理论提出了三点质疑：第一，机体上的生理变化在各种情绪状态下，并无多大的差异，因此根据生理变化很难分辨各种不同的情绪；第二，机体的生理变化受植物性神经系统的支配，这种变化缓慢，不足以说明情绪瞬息变化的事实；第三，机体的某些生理变化可由药物引起，但药物只能使生理状态激活，而不能产生某种情绪。坎农认为，情绪体验和生理变化的中心不在外周神经系统，而在中枢神经系统的丘脑。

坎农认为，由外界刺激引起感觉器官的神经冲动，通过内导神经，传至丘脑；再由丘脑同时向上向下发出神经冲动上传至大脑，产生情绪的主观体验，向下传至交感神经，引起机体的生理变化，如血压增高、心跳加速、瞳孔放大、内分泌增多和肌肉紧张等，使个体生理上进入应激状态。因此，情绪体验和生理变化是同时发生的，它们都受丘脑的控制。

（二）情绪的认知理论

认知理论的基本思想是将环境影响从客观刺激引向认知评价。客观刺激本身并不是特定的情境刺激，只有经过认知评价，才能成为情境刺激。

1. “评定—兴奋”说

阿诺德在20世纪50年代提出了情绪的评定—兴奋学说。这种理论认为，情绪情境并不直接决定情绪的性质，从刺激出现到情绪的产生，要经过对刺激的估量和评价，情绪产生的基本过程是刺激情境—评定—情绪。同一刺激情境，由于对它的评估不同，会产生不同的情绪反应。

阿诺德认为，情绪的产生是大脑皮层和皮层下组织协同活动的结果，大脑皮层的兴奋是情绪行为的最重要条件。她提出情绪产生的理论模式是：作为引起情绪的外界刺激作用于感受器，产生神经冲动，通过内导神经上送至丘脑，在更换神经元后，再送到大脑皮层，在大脑皮层上刺激情境得到评估，形成一种特殊的态度。这种态度通过外导神经将皮层的冲动传至丘脑的交感神经，将兴奋发送至血管或内脏，所产生的变化使其获得感觉。这种从外周来的反馈信息，在大脑皮层中被评估，使纯粹的认识经验转化为被感受到的情绪。这就是情绪的“评定—兴奋”学说。

2. 两因素情绪理论

20世纪60年代初，沙赫特和辛格提出，对于特定的情绪来说，有两个因素是必不可少的。第一，个体必须体验到高度的生理唤醒，如心率加快、手出汗、胃收缩、呼吸急促等；第二，个体必须对生理状态的变化进行认知性的唤醒。

他们通过实验研究，制作了情绪唤醒模型，这个模型的核心部分是认知，通过认知比较器把当前的现实刺激与存储在记忆中的过去经验进行比较，当知觉分析与认知加工间出现不匹配时，认知加工器就会产生信息，动员一系列的生化和神经机制，释放出化学物质，改变脑的神经激活状态，使身体适应当前的情境要求，这时情绪就产生了。

3. 认知—评价理论

拉扎勒斯认为，情绪是人与环境相互作用的产物，在情绪活动中，人不仅接受环境中的刺激事件对自己的影响，同时要调节自己对于刺激的反应。也就是说，情绪活动必须有认知活动的指导，只有这样，人们才可以了解环境中刺激事件的意义，才可能选择适当的、有价值的活动组合，即动作反应。按照拉扎勒斯的观点，情绪是个体环境事件知觉到有害或有益的反应。因此，在情绪活动中，人们需要不断地评价刺激事件与自身的关系。具体来说，有三个层次的评价：初评价、次评价和再评价。初评价是指人确认刺激事件与自己是否有利害关系，以及这种关系的程度。次评价是指人对自己反应行为的调节和控制，它主要涉及人们能否控制刺激事件，以及控制的程度，也就是一种控制判断。再评价是指人对自己情绪和行为反应的有效性和适宜性的评价，实际上是一种反馈性行为。

（三）情绪的动机—分化理论

20 世纪 70 年代，伊扎德建立了情绪的动机—分化理论。伊扎德认为，情绪是人格系统的组成成分，而人格是由体内平衡系统、内驱力系统、情绪系统、知觉系统、认知系统和动作系统六个子系统组成。他认为，情绪是人格系统的核心动力，它组织并驱动认知与行为，为认知和行为提供活动线索。

伊扎德认为，情绪包含着神经生理、神经肌肉的表情行为、情感体验三个子系统，他们相互作用、联结，并与情绪系统以外的认知、行为等人格子系统建立联系，实现情绪与其他系统的相互作用。

（四）情绪的行为主义理论

行为主义将情绪视为刺激强化和复杂的经典性条件作用中习得的行为模

式。华生提出了第一个行为主义情绪理论，他强调情绪是一种遗传的反应模式，抚摸等刺激是婴儿产生情绪的强化条件，有了这些条件，婴儿才产生微笑等情绪反应。华生设想了三种基本情绪反应：恐惧、愤怒和爱。哈洛和斯腾格勒认为，人类存在着无差别的基本情感，这些无条件的感情反应是情绪产生的根源。米伦森认为通过经典性条件作用过程引起的情绪变化会增加或抑制其他情绪行为。格雷认为情绪是由外部事件引起的内部状态，当外部事件与内部状态之间的关系变得混乱时，就产生了病理反应。通过对古代思想家及近现代心理学家关于情绪实质的观点和理论的分析，我们可将情绪的实质归纳为人对事物的态度体验及相应的行为反应。体验是情绪的心理实体，行为反应是情绪的外化，情绪外化即为情绪表现。

三、未成年人情绪状况的特点

以下分别对小学生、初中生和高中生的情绪特点进行分析。

（一）小学生情绪状况的特点

1. 小学生情绪状态总体发展良好

沃建中等人对中小学生的主观幸福感的研究表明，在小学低年级阶段，小学生的主观幸福感变化不大，比较稳定，而且男女之间也没有显著的性别差异。进一步研究发现，与情感成分相比，低年级的小学生更容易在认知成分上体验到主观幸福感；与负性情感相比，低年级的小学生更多能体验到正性情感。也就是说，小学生在主观幸福感方面，大都能够更多地体验到正性情感。[①]

2. 小学男生的不良情绪普遍高于女生

研究表明，不良情绪的五个维度（图 2-1）中焦虑、抑郁都非常显著。经分析发现，男生的不良情绪（抑郁、孤独、敌对）的状态得分高于女生的得分，说明男生的不良情绪状态比女生严重一些。

---

① 沈莉，向燕辉，沃建中．高中生主观幸福感与自我控制、人际交往及心理健康关系［J］．中国健康心理学杂志，2010，18（07）：837-841.

图 2-1　不良情绪的五个维度

3. 小学生的不良情绪呈逐渐上升的趋势

研究表明，小学生的焦虑、恐惧、抑郁等情绪随着年级的上升呈现逐渐升高的趋势。在焦虑维度上，年级主效应显著；抑郁维度上，年级主效应显著；恐惧维度上，年级主效应显著。进一步的分析结果表明，在焦虑维度上，除了四年级与五年级、五年级与六年级之间的差异不显著外，其余的各年级间都存在显著性差异，其中三年级学生的焦虑状态得分最低，四年级达到最高，五年级和六年级的状态得分相当；在抑郁维度上，除了三年级与六年级、四年级与五年级之间差异不显著外，其余的各年级间皆存在显著性差异，发展趋势类似于焦虑维度，三年级与六年级学生抑郁状态大致相当；在恐惧维度上，除了三年级与四年级、五年级与六年级之间差异不显著外，其余的各年级间皆存在显著性差异，其中三年级学生的恐惧状态最高，随后逐渐下降。

4. 小学生的不良情绪存在地区差异

研究者对不良情绪的五个维度进行年级、地区、性别的一般线性模型的多变量分析，结果显示：地区和年级交互作用在五个维度上都非常显著；地区和性别交互作用在五个维度上都显著。进一步分析发现，在北京和浙江地区，男生的不良情绪水平都高于女生，而在重庆地区，男生的不良情绪水平都要低于女生。

（二）初中生情绪状况的特点

1. 初中生的情绪普遍良好

沃建中等人的研究表明，整个初中阶段，各个年级之间、初一学生的主观幸福感最高，他们常能体验到更多的正性情绪；初二学生的主观幸福感最低，他们更多地体会到的是消极的负性情绪；初三学生的主观幸福感则处于二者之间，略接近于初一年级的水平。①

2. 初中女生的不良情绪总体低于男生

研究表明，初中女生焦虑、抑郁、敌对和孤独情绪方面的得分明显低于男生。这一结果与男女生的性格特点相吻合。一方面，女生善于表达自己的情绪，遇到问题时，喜欢向别人诉说，所以她们在情绪上较之于男生容易得到宣泄。另一方面，男生多不善于表达自己，情绪往往得不到宣泄，因此他们会更加地感到焦虑、抑郁、敌对和孤独。但在恐惧维度上，女生比男生具有更多的恐惧感。

3. 初中生的焦虑水平明显高于其他不良情绪

研究表明，较之于抑郁、孤独、敌对、恐惧来说，初中生的焦虑水平较高，即他们常常受到较高水平的焦虑情绪影响。初中生学习任务繁重，是产生焦虑情绪的一个重要原因，尤其是初三学生，他们面对升学的压力和老师、家长的高期望，必然会产生高强度的焦虑感。初二学生由于正处在生理发展相对迅速、心理发展却相对滞后的特殊阶段，因此这一时期的学生常常眼高手低，会给自己提出不切实际的过高要求和目标，在具体的实践过程中，往往又感到力不从心，虚荣心受挫，进而产生了焦虑情绪。

初中生，如刚升入初中的新生，他们对新环境中的师生关系、同学关系常常感到不适应。初二、初三学生在与同伴交往的过程中会产生一些问题，这也会给他们带来焦虑情绪。独生子女这一特殊的生活环境，有时也会产生一种焦虑感。现在的中学生几乎都是独生子女，他们往往表现得娇生惯养、依赖性强、缺乏独立性，同时父母对他们的期望过高，这样就不可避免地使他们产生了焦虑感。

初中生的抑郁状态略低于焦虑状态，但却高于孤独、敌对、恐惧等

---

① 沈莉，向燕辉，沃建中. 高中生主观幸福感与自我控制、人际交往及心理健康关系［J］. 中国健康心理学杂志，2010，18（07）：837-841.

状态。

4. 初二学生的不良情绪高于其他两个年级

研究表明，初中二年级是初中生的特殊阶段。在焦虑、孤独、敌对、恐惧这四种不良情绪中，初二学生均处于最高水平。而且在各项指标中，初二学生与初一学生和初三学生都存在着明显的差异。这说明，初二学生在生理、心理方面，以及某些特殊的情绪方面都有较为明显的表现，他们不仅处于学习的分化阶段，而且焦虑、孤独、敌对、恐惧感比较高。初二是初中阶段的一个转折点，是一个关键的年龄阶段，因此教师和家长应对此多加关注。

（三）高中生情绪状况的特点

1. 高中生情绪状态总体发展良好

研究表明，高中生总体情绪状态发展良好，高中生的生活满意度整体处于中等以上的水平。在主观幸福感的各个维度方面，高中生除了学业满意度偏低以外，在学校、家庭、友谊、环境、自由等方面满意度均较高。

2. 高中生不良情绪呈逐渐下降趋势

沃建中等人的研究表明，随着年龄的增长，高中生的不良情绪状态呈缓慢下降的变化趋势。①

高中生的焦虑状态处于中等水平，但从年级的变化趋势来看，高一学生的焦虑状态最高，高二学生的焦虑状态有所下降，到了高三焦虑状态又有所回升。高中生在刚入学时，对高中阶段的学习和生活不太适应，从而导致了自己对自我学习效能感方面的焦虑；到了高二，多数学生能够逐渐适应高中的学习和生活方式，这时候高考也不是迫在眉睫，所以高二学生的焦虑水平有所降低；到了高三阶段，学生面临着人生的重要门槛——高考，这就使他们在学习和生活中表现出更高的焦虑。

高中生的抑郁状态随着年级的升高呈下降趋势，且没有表现出明显的

① 沈莉，向燕辉，沃建中. 高中生主观幸福感与自我控制、人际交往及心理健康关系［J］. 中国健康心理学杂志，2010，18（07）：837-841.

起伏。高中阶段是青少年从儿童过渡为成人的关键期，这个时期，高中生的身心发育最为显著，其独立意识明显增强，面临着升学或者就业的压力，这些不仅是高中生焦虑的因素，也是导致高中生抑郁的原因。随着年级的升高，高中生的生理和心理发育趋于成熟，对社会和自我的认识水平提高，其心理应激和承受能力明显增强，抑郁状态也会随之下降。

高中生的孤独状态处于中等偏下水平，随着年级的增长呈折线形发展，且男生的孤独状态强于女生。

高中生的敌对状态随着年级的增长有下降的趋势，且男生的敌对状态强于女生。

高中生的恐惧状态随着年级的升高而表现出一种下降趋势。高中低年级的学生，其行为活动还比较多地受到家人的关注和保护，独立处理事情的能力较低，因此表现了较强的恐惧状态。但是，随着年龄的增长，他们的社会经验不断增多，心智不断成熟，恐惧状态也会减弱。

以上研究结果表明，高中生的不良情绪有随着年级的升高而逐渐下降的趋势。

四、影响未成年人情绪的因素

影响情绪变化的因素有很多，概括起来主要有以下四个方面。

（一）认知因素

情绪是由刺激引起的一种主观体验，情绪产生的原因是刺激，但刺激并不直接导致情绪反应，而是要经过人的认知活动进行评价，而后才决定人体验到什么样的情绪。对同一事物，不同的人由于需要不同、观念不同、理解不一，情绪体验也相差甚远；同样，由于认知不同，表现在不同人身上的同一情绪，其产生的原因可能千差万别。同一种刺激会产生不同的情绪，比如：迎面来了一个熟人，并未向你打招呼，匆匆而过。如果你认为他故意装作没看到你，你的心情会很差；如果你认为他很忙，根本没注意到你，你就不会懊恼。因此，你对事件的理解，很大程度上决定了你的情绪状态是好还是坏。如果能改变认知观念，转变理解的角度，你就会有一个良好的情绪体验。

（二）遗传因素

遗传因素对情绪的影响主要是人的高级神经活动类型。根据高级神经活动类型的三个基本特征，即兴奋与抑制过程的强度、灵活性、平衡性分为四种类型。胆汁质的人情绪发生迅速猛烈，以兴奋为主，改变很困难；多血质的人情绪发生迅速但不强烈，兴奋与抑制交替出现，变化多；黏液质的人情绪发生缓慢，体验深刻，兴奋与抑制平衡，不易改变；抑郁质的人情绪发生缓慢，体验深刻，以抑制为主，不易改变。

（三）精神状态

人的精神状态对情绪也有一定的影响。精神状态好时，情绪较为高涨，有信心；精神状态不好时，情绪低落、疲惫、退缩。影响精神状态的因素有很多，如睡眠不好、过于疲劳、生活压力过大等。因此，养成良好的生活习惯和规律对一个人来讲非常重要，好的生活习惯和规律可以使体力充沛，精力旺盛，效率提高，自信心增强。

（四）环境因素

环境因素对人的情绪变化有影响。特定的环境可以增强或者减弱情绪变化的速度和强度。美丽的山水、清新的空气、宽松整洁的办公室等环境条件会使你心情愉快，而嘈杂的街区、拥挤的交通无疑会让你感到烦躁。社会环境条件对人的影响可能更大，他人对自己的关怀和帮助，将使个体出现的焦虑、紧张、痛苦得到缓解，甚至彻底消失。

可见情绪对人身心有较大影响，保持一个平和的心境是非常重要的。然而，现实生活中我们总会遇到各种各样的事情，让我们产生各种不同的情绪状态，对人的影响有大有小。对于中小学生来说，能够很好地调控自己的情绪是一件非常重要的事情。

情绪如同催化剂，不同的情绪对不同的人会产生不同的影响。现代心理学、生理学和医学的研究表明，情绪对人的健康具有直接的作用，甚至可以说情绪主宰健康。

五、未成年人情绪的调节与培养

在人格世界中，情绪是个内容丰富、复杂而又微妙的组成部分，健康人格的塑造必然包括对情绪的培养。良好情绪的培养包括三个方面的内容：自我情绪的调节和控制的培养、自我情绪体验的培养和社会性情感的培养。

（一）未成年人自我情绪的调节

情绪与人的心理需要相联系，当人的生理需要得到满足时，就会产生愉快、满意、喜悦、幸福等积极的情绪体验；反之，当人感到饥饿、疼痛、压抑时，就会有不愉快、不满意、痛苦、悲伤等消极的情绪体验。情绪与低级的心理过程相联系，具有情境性和暂时性的特点。针对情绪的这个特点，要想保持良好的情绪状态，就要学会如何自我调节和控制。

1. 要保持心境平和

心境虽然是一种微弱的情绪状态，但它对人的影响时间较长，进而影响到人的整个精神活动。心境具有弥漫性，当人处于某种心境时，往往以同样的情绪状态看待一切事物。因此，保持平和的心境有利于人的身心健康。

2. 调节和控制消极情绪

每个人在生活中都曾体会到不同的情绪变化，不同的情绪对不同的人会产生不同的影响。积极的情绪对人的行为有着极大的推动作用，消极的情绪会使人发生认知偏差，意识减弱，控制力下降，可能会丧失对自己行为的约束力，不能正确评价行为的后果。当人产生了消极情绪时，不能一味地受情绪的摆布，要积极调整自己的情绪状态，以下就有三种较好的调节和控制消极情绪的方法。

（1）注意转移法。

当学生的情绪激动时，为了使它不至于爆发和难以控制，教师及家长可以有意识地转移学生的注意力，把注意力从引起不良情绪效应的刺激情境转到其他事物或活动上去，这种改变注意焦点的方法即注意转移法。例如，让学生做一些平时最感兴趣的事，可以玩游戏、打球、绘画、下棋、听音乐、看电视、阅读报纸等，这样就可以使学生从消极情绪中解脱出来。

（2）情绪宣泄法。

合理地发泄消极情绪，也是排解不良情绪的积极方式。当学生在生活或学习中受到挫折或打击后，由于种种原因，当时又无法将受到的委屈或不满表现出来，只好把这种负性情绪压抑下去。但由于人的心理承受力是有限的，不良情绪长期积郁在心中，人的心理就会出现严重的失衡，也很容易导致疾病。所以，为了维持学生的心理平衡，教师及家长就可以引导学生去寻找一个恰当的对象将他们的消极情绪予以宣泄，使心中积压的负性情绪得以稀释，从而摆脱这种负性情绪的干扰，保持心理的平衡。因此，采用适当的宣泄方式，比如大哭一场、向人倾诉、写写日记、发发牢骚、长吁短叹、阵阵大吼等都可以帮助中小学生排解不良情绪。

（3）理智克制法。

人是有理智的，在陷入不良情绪，尤其是陷入应激状态时，教师及家长应教会学生进行正确的排解，理智的克制，去控制不良情绪，并且尽力使情绪愉悦起来。这种理智控制情绪的方式也有以下多种办法。

一是宽容谦让。俗话说得好："忍一时风平浪静，退一步海阔天空。"宽容可以将敌视、嫉妒、不满和愤恨等统统从心里消除。

二是自我暗示。当学生进入考场感到焦虑时，可以通过自我暗示（即自己主动自觉地通过言语、手势等间接、含蓄的方式向自己发出一定的信息，使自己按自己示意的方向去做），不断地、重复地提醒自己："沉住气，别紧张，我会考好的。"这样紧张的情绪就会松弛下来。

三是提醒激励。自我激励可通过多种直截了当的方式，如名言、警句来激励、约束自己，自我激励是一种精神动力，一个人在困难和逆境面前，如果能够有效地进行自我激励，就能从不良情绪中振作起来。

四是逆向思维。逆向思维即反向思考。当一个人情绪冲动，一时又难以控制时，应多想一想别人的处境，想一想一时冲动可能酿成的后果，这样可以把自己的思绪从愤怒的指向中拉回来，使过激情绪降温。

五是升华。可以将痛苦、烦恼、忧愁等其他不良的情绪与头脑中的一些闪光点联系起来，转化成积极而有益的行动，即升华。

总之，作为教师和家长，应充分了解学生的情绪特点，正确认识情绪对中小学生成长的影响，教会其调控情绪的方法，在学习生活中引导学生发展良好的情绪品质，帮助学生培养健全的人格，保持健康的心态。

（二）未成年人自我情绪体验的培养

自我情绪体验具有丰富性和深刻性，对人的身心健康有着重大作用。个体的自尊心和自信心是影响情绪体验的重要因素。

1. 培养自尊心

自尊心是人格的脊梁，缺乏自尊心，人格就不会正常发展。自尊心培养的前提是个体要形成理性的自我认识，对自己进行客观的分析和评价。自尊心强的人敢于尝试新的活动，努力完成富有挑战性的任务，易交到新朋友，不会受到外界不良因素的影响。

2. 拥有自信心

自信心是在实践中形成的。自信心强的人，会有勇气，会用自己的智慧和能力找到克服难题的办法，从而达到目标，获得成功。与此同时，人对于自我价值的肯定，有利于目标的实现，增强自信心。自卑的人，没有形成对自我的正确概念，自我评价低，对人或事物缺乏清醒的认识，最终会导致行为的失败，产生不良情绪。

要想形成丰富深刻的自我体验，就要培养自己的自尊心和自信心，这是对自我内在价值的充分认识和高度评价而形成的情绪体验，是人格健康发展的内在源泉。

（三）社会性情感的培养

社会性情感是人在社会生活中形成的，反映着人们具有社会性特点的态度和内心体验。社会性情感主要围绕着理智感、道德感和美感三个方面。社会性情感培养的主要目的在于使人自觉地追求真、善、美，在此过程中形成正确的主体意识，对自身及社会有一个深刻的认识，而非停留于表象。

总之，个体要注意自我情绪的调节和控制，培养自尊心和自信心，形成良好的社会情感，这有利于形成健康的人格、良好的情绪反应和情绪状态。

第三节 未成年人行为发展现状及改善

一、行为方式与健康人格的关系

行为是指人们为适应和改造大自然或社会环境，或为生活中达到某一目标，人的内在心理和外在表现。具体地说，人们在日常生活中所表现的一切动作，都可以统称为行为，它不仅表现为人的摄食、睡眠等生理活动，也包括人们日常的劳动、工作、娱乐、人际交往等社会性活动。

人类行为与动物行为的差别就在于人类行为的表现是社会性的。对健康人而言，其某种行为如何表现、能否表现等，都通过了本人的自我意识，纳入社会和环境之后选择而为的，受到环境和社会的影响和制约。相比之下，动物行为只是一种先天的本能，表现单调。

人的行为以生物为基础，但并不意味着人的行为只是遗传的产物或外力作用的结果。行为最根本的作用力在于人的社会化过程中，人们通过逐渐形成的自我意识发动起来。自我意识在行为中的这种推动力在日常生活中被称为动机。

行为方式虽然与行为有明显的不同，它是来自我们对系列行为的观察和总结，是抽象的，不像行为那样表现在人们面前，丰富多彩且形象。但是在一般意义上，行为与行为方式都与人格相联系，行为表现一个人暂时的人格状态，行为方式则表明一个人稳定的人格特征。在人格统一性的意义上，行为方式是指人们在日常生活中通过丰富多彩的行为而表现出来的、有人格特点的、有结构及规律的和相对稳定的行为格式或模型，是人们如何表现行为的定型化，是个体人格结构的外部表现。

比如我们说一个人走路，走路只表示这个人发出的行为，而不能表示他的行为方式。但是，如果我们说一个人“走路快”或“走路谨慎”，这才是对一个人行为方式的判断。“快”和“谨慎”是这个人走路时行为的特点。当然，这种特点不是依据我们对这个人一两次走路行为的观察就得出来的，而是代表这个人相对长久的和较为一贯的并有别于他人走路的行为特点。

一个人的行为方式随着他的自我意识的确立和思维方式的形成即人格内核的成熟而逐渐形成，并最终稳定。行为方式使人的活动常表现为稳定和有规律性的，能归结为系列行为的人格特征。一个人的行为方式一旦确定，就使其自身的行为具有重复性和稳定性的特点，在类似的情境中将有规律地多次出现。

深入地分析行为方式，可以划分为三个层次：处事原则、对事态度和活动方式。其中，处事原则是行为方式的核心，由自我意识（包括人格品质如思想、认识、兴趣、需要、情感和意志等）和思维方式所决定；对事态度是个体对人、对事、对物的态度体系，是受处事原则决定的；活动方式则是指个体表达对事物态度的最外显的方式，由处事原则和对事态度共同决定。

健康人格的行为特征主要体现在个体的社会适应性行为中，反映的是一个人在社会实践活动中表现出来的行为方式的合目的性和合社会性。外在的实践活动中个体行为的丰富与完善，既能体现人格的健康与否，又能不断塑造健康人格。只有人的行为方式反映出的人格心理特征是有效的、适当的，我们才能说这个人的人格是健康的。

二、人际交往与健康人格

人作为社会的一员生活在社会这一系统之中，必然包含着与他人在物质和精神两方面的相互作用，因而人与人之间的交往活动必不可少，由此产生的人际关系也必然存在。人从出生起就开始了与父母等家庭成员的交往，幼儿时期则开始与伙伴和老师的互动交往，而进入青春期，因其生理、心理的成熟和社会化的加深，其交往需要和交往活动也会迅速发展。因此，人一生的成长、发展和成功等都离不开人际交往，其一生的幸福、快乐、烦恼和悲伤也都与人际交往有关。可以说，人际交往是人生的基础，因此具有重大的意义。

人际交往的概念包含动态和静态两个方面。

在动态方面，人际交往是人与人之间的一切直接或间接的交流和物质方面的交换，其主要媒介为语言、表情、身体动作等。例如人们为了学习去上学、去商场买东西、去医院就医等，这些为了与我们自身相关的事而与他人发生联系活动的行为都是人际交往。

在静态方面，人际交往是人与人之间形成的关系，即人际关系。这种关系是通过交往产生的情感积累和相对稳定的情感联结，反映了人与人之间的心理关系和距离。

人际交往的动态和静态两方面是相互影响、相互依赖、相互转化的。动态交往所积累的情感往往会形成静态的人际关系，而人际关系的形成，通常会对以后的动态交往起到一个相对稳定的导向作用。积极的动态交往会转化成积极的人际关系，能引导进一步的积极交往，如此良性循环，反之，消极的交往也会导致消极的人际关系。

（一）未成年人人际交往的现状

1. 未成年人人际交往具有年龄阶段性和敏感期

儿童的同伴交往行为总体趋势是随年龄增长而逐渐提高。相关调查显示，3~6 岁儿童同伴交往能力随年龄增加而提高，其中幼儿园小班和中班儿童发展最快，到大班则处于持平状态。马卡连柯将幼儿游戏划分为两个阶段：第一阶段为 3~4 岁，此阶段幼儿喜欢一个人玩；第二阶段为 5~6 岁，此时儿童更倾向于集体游戏。

上小学后，儿童的同伴交往方式有所变化，儿童在游戏中逐渐学习交往的技巧，此时儿童活动范围扩大，交往行为更加频繁，但有些儿童对小学生活适应不良，容易被忽视甚至拒绝。

2. 小学生同伴的交往特点

（1）交往范围扩大。

婴儿时期儿童的生活环境以家庭环境为主，交往活动的范围多为家庭内部，交往对象则主要是父母等亲人，该阶段儿童交往对象单一。进入幼儿园后，儿童开始与老师和同龄同学交往，交往活动由家庭扩大至幼儿园，交往对象增多，范围扩大。而与幼儿园相比，儿童进入小学后班级人数增多，其交往范围随之变大。进入小学，儿童交往的对象中与其年龄相似的伙伴增多，成年人减少。

（2）交往锻炼机会少。

小学的学习生活是该阶段儿童的主要活动，学生的大部分时间都在学校度过，这使儿童与父母、亲戚等成人交往时间减少，导致儿童与这些人的交往活动变少。此外，正规的学习时间也压缩了儿童游戏的时间，儿童的人际交往活动中最主要也是发生最多的就是和同龄人的交往，而该阶段儿童的交往活动多为游戏，游戏时间的减少则意味着儿童与同伴的交往活动减少。缺乏和同伴、教师之间的交流互动、缺乏良好的交往环境，使小学儿童无处锻炼其人际交往技能，也使交往不良的儿童缺乏学习的机会。

（3）具有个体差异性。

庞丽娟曾对4~6岁儿童的人际交往进行调查研究，结果显示，儿童的人际交往有四种类型，分别为受欢迎型、受排斥型、一般型和被忽视型。其中，受欢迎型儿童较多，约占53%，该种类型儿童在与同伴交往中表现出积极友好的行为，不会主动攻击其他的儿童。①

相关研究发现，儿童的人际交往与其心境的积极或消极有一定相关。积极心境的儿童开朗乐观，同伴比较愿意与之接近，其人际交往能力较好；而消极心境的儿童爱生气、经常与人吵架，同伴不易接纳甚至拒绝该

① 庞丽娟，陈琴，姜勇．幼儿社会行为各维度的内部及相互关系的研究［J］．心理发展与教育，2006（03）：65-69.

类儿童，其人际交往能力较差。

3. 中学生同伴的交往特点

（1）交往范围进一步扩大

儿童进入中学后，其人际交往范围除父母、老师等成人外，同伴范围有所扩大，交往范围开始扩大到班级甚至年级，也逐渐开始两性间的交往行为。儿童在青少年时期心理发展的需要增加，主要表现为群体归属感的进一步增强；对交往群体的选择从小范围群体向更大规模的群体发展；从同性别群体交往逐渐向两性合一的群体交往发展。

屈卫国曾对长沙市初中生的同伴关系做过调查，结果发现初中生的同伴范围随年级升高表现出逐渐缩小的趋势，其同伴大部分集中在所在班级，且同伴之间年龄差距小，多在2岁之内。①

但在选择同伴的性别方面，初中生同伴中异性同伴的数量逐渐增多。随年级升高，初中生异性间交往活动增多，这与小学生同伴交往不同，到了初中，儿童对异性的接纳逐渐提高，开始出现两性相吸，这是儿童在该年龄段正常的心理发展与需求，且女生的增加趋势高于男生，这可能是由于女生较男生心理发展快，因而表现出更强的异性交往愿望。

进入高中后，异性之间交往将更加融洽。在高中阶段，异性交往的消极感受已逐渐消失，调查显示有一半的男生和大多数女生都建立了异性交往关系，男女生能够友好相处，建立融洽的友伴关系。高中生异性间的吸引注重内在品质和性情相投，而不在于单纯的外表。

（2）同伴交往的作用日益重要

儿童在中学阶段生理和心理等方面迅速发展，在人际交往上也出现了新的特征。中学生对父母的依恋逐渐减少，更多地转向对朋友的依恋，与同伴的交往行为增多。同伴交往时间和程度在该阶段都有显著增加，同伴交往互动更为频繁、复杂且持久。国内相关研究表明，初中生多选择与同

① 屈卫国. 初中生同伴关系的特点研究［J］. 湖南教育学院学报，2000（03）：93-96.

伴交流内心的想法，其次是兄弟姐妹和父母。中学生多愿意与同伴分享自己内心的困惑，由此可知，在中学生的人际交往中，同伴交往变得日益重要。

（3）人际交往水平提高

有学者对高中生进行了调查研究，结果显示随着儿童友伴间交往的深入，高中生交友开始由一般的普遍交友转变为个别性的交友，即出现“挚友”，该阶段儿童在择友标准上多以感情共鸣和分享体验为基础，选择性情相投的友伴。高中生随年级增长，对友谊的要求水平也有所提高，友谊的标准也逐渐复杂，更强调友伴间的互相理解、忠诚和亲密感，更注重心理上的默契、互相支持、思想和情感的共享等。高中生人际交往水平不断提高，开始强调友伴间应具有一致的思想认识和追求目标，开始以个性、兴趣爱好等作为接近的条件，开始显示出相当明显的成人倾向。

（4）交往呈现层次性

中学生因其认知的不断发展，内心需求日益增加，兴趣爱好也日益广泛。为了满足自己各方面的需求，他们开始从与不同朋友的交往中得到不同层次和不同性质的需要。在高中阶段，高中生虽出现“挚友”，但普遍在一般到很小范围内，知心朋友数量一般较少，一般好友在较多到一般范围内，普通朋友则在多到一般范围内。可见，高中生的友谊随其层次的升高，友伴数量逐渐减少。此外，调查数据表明，高中生“挚友”数量不多且随年级升高而减少。

（二）未成年人人际交往的改善策略

1. 建立良好的亲子依恋

亲子交往作为儿童最早的人际交往行为，肩负着儿童人际交往的启蒙作用。父母在抚育儿童的活动中应更多地向儿童传达爱意，满足儿童早期对爱与安全的需要，为其人际交往奠定良好的基础。

首先，父母应多与儿童互动，满足儿童合理要求，使其快乐地成长，这样有利于形成安全型依恋。安全型依恋儿童具有更多的积极情绪，在之后的人际交往中也表现出更多的合作、分享与善意，这些特性都有利于儿童被交往对象接受，进而形成良好的人际关系。

其次，父母应为儿童建立良好的榜样。儿童早期获得的人际交往经验与技能都是在与父母的互动中获得的，父母的交往行为是其早期模仿对象。父母在交往中表现出的良好品质和所采取的积极的人际交往策略都会成为儿童学习的榜样，能够丰富儿童的交往经验，在之后的交往行为中遇到问题也能从父母的榜样行为中获得积极的参考，采取更为有效的交往策略以恰当地解决人际交往冲突，进而获得更多交往对象的接纳，建立良好的人际关系。

2. 培养积极的人际关系态度

人际交往中具有某些人格特征的人更容易被其他人接纳，而这种人格的表现态度有以下几方面。

（1）尊重

尊重他人就是承认他人的价值、人格和尊严，保持他人和自己的平等。每个人都有被尊重的需要，而在交往中，感到尊重能够促使人们增加交往的倾向，更容易建立人际关系。如果一个人在交往中总是以自我为中心，认为自己是正确的，忽视他人的感受，会造成对方感到自尊受到伤害，不愿再交往下去，伤害到交往关系的建立。因此，在保持自我的同时还要兼顾他人的感受，给予对方足够的尊重，才能使人际关系更为和谐，促进良好的人际交往。

（2）真诚

真诚的态度有利于人际交往的顺利进行。真诚能够给交往双方提供一种自由安全的氛围，使双方都能够敞开心扉、无所顾虑地交流，这样在沟通中双方获得的信息更为真实可靠，也有助于双方在交往活动中获得安全感。由此，在真诚基础上建立的人际关系更为和谐且稳定持久，有利于人际交往的长期发展。

（3）理解

在交往活动中能够理解他人，站在他人的角度感受其所作所为的用意并为其着想，这些都能够促进良好人际关系的建立。人们在人际交往中不可避免地会同与自身差异很大的人交往，此时在互相理解的基础上，才能进行有效的沟通并排除因差异产生的障碍，增进相互间的关系。如果一个人只能想到自己，按照自己的感情行事而不理解他人内心所想，那么肯定会造成其人际关系的不融洽。

（4）宽容

每个人都有自己的优点与缺点。在与他人的交往中，我们应该正视自身的缺点，同时包容他人的缺点。如果在交往中总是挑别人的毛病、对他人不满，则无法建立融洽的人际关系。生活中每个人都会因自身原因或环境因素而导致不同的行为习惯，大家只有在交往中彼此包容，才能互相接受，受到彼此的欢迎。

（5）给予爱

人际交往是人们感受爱与快乐的重要途径，因此，在交往中应该充分给予他人关心与爱，这样在交往互动中双方才能体会到来自对方的爱，才能满足双方对爱的需要。内心充满爱的人对生活也会充满希望，对自己也会充满信心，对他人也能更好地理解与包容。这种在交往中对爱的舍与得能够更好地满足双方的需要，使交往变得更有意义、更加快乐，从而建立良好且坚固的人际关系。

3．提高人际交往技能

（1）了解人际交往的类型特征

人际交往因时间、地点和技能方式等而呈现不同的形态和特征，主要有单项交往和双向交往；纵向交往和横向交往；语言交往和非语言交往；有意交往和无意交往等。这些交往类型各有特点，对交往效果的影响也各不相同，应根据具体交往情况灵活掌握。

（2）适度的自我表露

自我表露指个体以言语向他人袒露自己信息的过程，在人际关系建立过程中具有重要的作用。人们若想建立人际关系，首先应该向对方传达自己的信息，使对方了解自己，但传达的过程需要使用正确的方法。换言之，我们应该知道自己需要表露什么，向什么人表露，在什么时间、场合表露等，而自我表露还有一个重要特性，即相互性。正确地掌握自我表露的方法，能够促进双方互相了解，帮助人们建立人际关系。

（3）善于倾听

当交往对象需要倾诉时，做一个忠实且耐心的听众，让对方感到信任与鼓励，将自己的想法充分表达出来，这样可以减少交往对象的压力，同时为自己赢得对方的信任与依赖。在倾听时，切不可心不在焉、一心多用等，应给予对方足够的尊重，以免使对方受到伤害。

（4）合理处理冲突

在人际交往中冲突矛盾无法避免，当面对冲突时不应将对方视为敌人，而应该考虑冲突的两面性，很多时候冲突可以帮助人们了解对方内心的真实想法，帮助冲突双方更好地了解对方。因此，在面对冲突时较好的解决方法是：第一，承认冲突是自然的；第二，把冲突看作是需要双方共同努力解决的问题，而不要回避或决一胜负；第三，选择双方都能接受的时间、地点，心平气和地详谈；第四，重视并理解对方的具体情况，态度坦诚，在维护自身利益的同时，也要向对方合理让步；第五，不贬低对方，就事论事，努力澄清分歧点，理解冲突的实质，求同存异，寻找能让双方满意的解决方法。

（5）ICPS 训练

人际交往不良会导致儿童社会适应不良，在导致儿童人际交往不良的诸多因素中，社会技能的缺乏是一个重要原因，因此，改变儿童的人际交往多从社会技能训练入手，其中解决人际问题的认知技能（ICPS）是一种基本的社会技能，提高儿童的 ICPS 有利于儿童的人际交往。ICPS 由三部分组成：

第一，找到多种办法解决交往中问题的能力。这种能力是成功进行同伴交往的关键，人际交往不良的儿童往往缺乏寻找解决办法的能力，而采取退缩、等待等消极策略。具有充分且有效的交往策略往往能够帮助儿童赢得更好的人际关系。

第二，理解问题原因的能力。该能力能够帮助儿童正确地知觉所处情境，是成功进行同伴交往的前提。

第三，预料行为后果的能力。对行为后果的正确预料能够帮助儿童调整自己的行为，选择最佳的解决办法。帮助儿童提高预料行为后果的能力可以调节他们的行为，利于儿童选择更为有效地解决问题的办法。

相应地，ICPS 交给儿童解决人际交往问题的步骤为：理解原因、弄清问题——产生多种解决问题的办法——预料各种解决办法产生的后果——决定采用最佳办法。

三、社交退缩与健康人格

儿童早期的主要社交环境为家庭，亲子交往是其主要交往活动。之后，随着儿童人际关系的建立，人际交往范围开始逐渐扩大，交往活动逐渐增加，儿童也在交往活动中逐渐完成社会化，发展成健康的社会人。

学界对于社交退缩在概念上至今没有达成一致。有的研究者使用社会退缩、害羞、抑制、社会孤独等称谓，但运用较多的是社交退缩。

对社交退缩的概念界定主要有行为描述和社会测量两个角度。

有研究者从社会测量的角度通过同伴地位状况定义社交退缩，认为社交孤立、儿童退缩的原因不是缺乏交往动机或害羞等，而是自身行为的攻击性导致同伴拒绝与其交往。

从行为描述的角度，有些研究者认为那些自愿地以低于正常频率与同伴交往的儿童为社交退缩儿童，社交退缩行为源自儿童的害羞、抑制性等气质特点或社交焦虑等内隐性困难。

目前，研究者们更多地采用行为描述的方法来界定社交退缩。结合国内外学者的概念界定，可以认为社交退缩指儿童跨情境、时间所表现出的各种独处行为，包括害羞、惧怕、行为抑制和社会性孤独等。

（一）未成年人社交退缩的现状分析

1. 儿童退缩行为随年龄增长而减少

随着年龄的增长，儿童社交范围从家庭扩展到幼儿园、学校等，社交机会增加，与同伴互动增多，其社交退缩行为也逐渐减少。

4~7 岁是儿童同伴交往的关键期，此时儿童具备了发展同伴交往的条件。从内部看，儿童心理逐渐发展，开始具备与同伴互动的能力；从外部看，儿童大多开始进入幼儿园，校园生活为儿童与同伴交往提供了机会。在这 3 年中，儿童能够积累大量的交往经验，在交往行为中的焦虑等不良情绪也可减轻，并在此基础上逐渐修正自己的退缩行为。儿童发展到 7 岁时，其焦虑型和活跃型退缩行为出现频率已经很低，逐渐趋向于平均水平，此时儿童已较少表现出社交退缩，这可在某种程度上表明儿童随年龄增长不断成熟，逐渐学会自己调节社交退缩行为。

2. 焦虑退缩行为向安静退缩行为转化

儿童的社交退缩行为在随年龄增长逐渐减少的同时，其内部亚类型行为也发生了变化，儿童的焦虑退缩行为和安静退缩行为存在一定相关，且随年龄增长前者逐渐向后者转化。

3. 社交退缩行为存在性别差异

关于社交退缩在性别上的差异研究，由于被试年龄、文化背景、测量方法等不同，所得结果并不一致。

在总体社交退缩行为上，性别差异并未得到明确证明，马蒂森和塔姆斯 1999 年的调查显示，在家长对 18~30 个月大的子女进行的评定中，他们认为女儿相比于儿子更为害羞一些，当孩子成长到 4 岁以后这种差异倾向逐渐消失。

在不同类型社交退缩行为中，男生与女生存在一定的差异。一些国外研究显示，2~4 岁儿童在焦虑退缩和害羞上没有明显的男女差异，但到了青少年早期后女孩自我报告中害羞的比例要高于男孩。国内学者朱婷婷的研究也证明了，童年中期安静退缩儿童中女生的比例比男生高，这可能是由于在中国传统教育中，家长更希望女孩能够文静矜持，女孩的安静退缩行为在一定程度上会得到成年人的肯定和赞赏，由此表现出更多的安静型退缩行为。此外，不同类型退缩行为的男女差异并不一致。[①] 对小学中高年级儿童的研究发现，退缩儿童在性别比例上有一定差异，在安静退缩中女生多于男生，而在活跃退缩中男生则多于女生，这可能由于男孩比较晚熟，更加冲动和幼稚，在社交活动中缺乏社交技能，更可能受到同伴排斥，由此相对于女生更易发展成活跃退缩行为。

4. 社交退缩儿童的友谊特点

（1）社交退缩儿童友谊质量低于非退缩儿童

研究发现，社交退缩儿童与非退缩儿童相比，其友谊在某些维度上低于后者，具有友伴数量少、不被信任和尊重、受欺侮等特点，但其亲密交流多于非退缩儿童。这说明社交退缩儿童更倾向于寻找安全亲密的友伴，退缩儿童的友谊不一定比非退缩儿童差，甚至在某些维度上更好，友谊能够为退缩儿童提供积极的支持与交流，促进儿童自我调节。

（2）社交退缩男生的友谊质量低于女生。

初中生中社交退缩青少年的友谊存在性别差异，研究表明，男生组的友谊质量在受欢迎程度、友伴数、帮助陪伴和信任尊重等维度上普遍差于女生组和混合友伴组，且男生组受欺侮得分和冲突背叛维度得分高于其他两组。由此可见，在社交退缩青少年中，男生间的友谊质量低于女生间和男女间的友谊。这也反映出社交退缩的男生可能比女生面临更多的问题。

友伴交往各层面对退缩行为具有一定的预测作用，其中受欺侮和亲密交流能够正向预测儿童的退缩行为，而冲突背叛、信任尊重和友伴数量则能够反向预测退缩行为。

（二）未成年人社交退缩的改善策略

1. 建立正确的自我意识

社交退缩儿童自我意识不清楚，帮助儿童建立正确的自我意识是减少退缩行为的有效途径，可通过以下几方面培养儿童自我意识。

---

① 周宗奎，朱婷婷，孙晓军等．童年中期社交退缩类型与友谊和孤独感的关系研究［J］．心理科学，2006（03）：536-540.

评价得当，帮助儿童建立正确的自我认识。儿童自我认识的重要来源之一是他人对自己的评价，儿童正是通过他人的评价这面镜子逐渐认识自己。因此，家长和教师在日常生活学习中应该反馈给儿童客观、公正的评价，评价得当是必须遵守的准则。

引导鼓励儿童参加集体活动，收获积极的情绪体验。社交退缩儿童在游戏中大多喜欢安静独处，家长和教师应该有意识地开展集体活动，并引导鼓励退缩儿童参与其中，让儿童感受到他们是被接纳的，使他们感受到自己与他人交往中的成就感，体验交往活动中的积极情绪并树立自信心。

创设特定情境，提高儿童的自我控制和调节能力。家长和教师可以创设特定的情境，在游戏中用特定的规则训练儿童的自我控制和调节能力。必要时还可以让自我控制能力差的儿童充当监督者，使其在监督他人的过程中学会控制自己，以达到训练的目的。

2. 培养未成年人的积极情绪

一般而言，社交退缩儿童往往缺乏自信，对自己的评价较低，认为自己没有价值。这类儿童缺乏活动能力和解决问题的能力，无法鼓足勇气同他人交往，不敢主动参与他人的活动，面对他人时感到害怕并退缩。从这一角度出发，帮助儿童树立自信心也可以在一定程度上减少退缩行为。

此外，社交退缩儿童的情绪调节能力不佳，更易陷入压力和焦虑之中。有的儿童因缺乏正确的交往技能和经验而畏惧交往，而有些儿童则表现出对交往活动缺乏兴趣，即使能够顺利交往也更多地选择独处。对于这类儿童，帮助他们克服交往中的焦虑情绪、提高交往动机成为教育者的首要任务。

因此，培养儿童积极的情绪，为其营造良好的交往环境，充分尊重儿童，让儿童敢于在与他人交往时迈出第一步，这些都能够减少儿童社交退缩行为，帮助儿童更好地完成社会化，进一步促进其健康人格的形成与发展。

3. 改善亲子、师生关系

早期亲子关系不仅影响儿童交往动机和对交往行为的态度，而且是儿童交往经验的源泉。良好的亲子关系和师生关系能够使儿童产生安全感和归属感，父母和教师表现出的对儿童的关心、爱护等行为能够让儿童获得更多积极的交往经验。因此，父母与教师都应该更加关爱并接纳儿童，经常与儿童互动，参与到孩子们的学习和生活活动中来，特别是对于社交退缩儿童，更应该给予关爱、鼓励和尊重，积极引导他们融入伙伴，建立稳定的交往对象群体，充分感受交往活动中的快乐情绪，逐渐摆脱退缩行为，学会主动交往。

此外，在教育过程中应避免对儿童的过度干预和控制，给孩子一定的自由发展空间，练习社交技能并进一步积累社交经验。高压、体罚、恐吓、拒绝等教育方式都应禁止，这些方法对儿童的发展有害无益，却在生活中被家长和教师广泛使用。成年人应该尝试站在儿童的角度，感受儿童的情绪情感，之后再采取妥善的教育方法，这不仅对于儿童的社交行为有帮助，对儿童整体身心的健康发展都有积极的影响。

4. 引导同伴介入

对于儿童的社交退缩行为，最简单的干预方法就是提供更多的机会让儿童与同伴群体接触，逐渐减少儿童在交往中的焦虑情绪和退缩行为。在此基础上，还可以安排人际交往良好的儿童与退缩儿童建立友谊，主动地同退缩儿童互动，让其在同伴带动的交往活动中获得交往技能和经验。在这种配对过程中，社交技能良好的儿童充当了退缩儿童的行为榜样，通过为退缩儿童提供一个良好的交往榜样供其模仿和学习，以及良好交往情境的建立，帮助退缩儿童进入到交往过程中体验交往活动带来的积极体验，促进其训练社交技能的发展并积累积极的社交经验。

5. 训练社交技能

在对儿童社交退缩行为的矫正中应用最广泛的就是社交技能训练。

儿童之所以表现出社交退缩行为，其中一个重要原因就是他们缺乏必要的人际交往技能，从而不知如何与人交往，久而久之形成了退缩行为。由此，社交技能训练就显得十分重要，不仅能够帮助儿童减少退缩行为，还能够从一定程度上避免社交退缩行为的产生。

社交技能训练主要侧重儿童的言语沟通技能，在生活和学习中，教育者应该注重训练儿童的倾听、表达等技能，帮助儿童正确识别他人的情绪并采取适宜的沟通方式，如此才能使儿童更易进入同伴群体。此外还要帮助儿童正确面对他人的批评与拒绝，将正确的反应方式传授给儿童，交往活动中不顺利的情况无法避免，而这些往往使儿童产生挫败感进而退缩，由此，正确的认识这种失败就显得尤为重要。

社交技能训练的方式通常包括示范、联系、指导、小组讨论、反馈和强化等，在具体训练时必须包含以下两点：（1）直接教授社交技能，提供充分的练习机会；（2）儿童正确运用社交技能时要及时给予强化。

四、利他行为与健康人格

不同理论派别、学者对利他行为这一术语的理解不同。利他行为指人们在交往中表现出的谦让、帮助、合作、共享等利于他人和社会的行为。它具有以下特征：（1）利他者出于自愿发出利他行为，而非外界环境强迫所致，是发自内心的、真诚的自觉行为；（2）利他者不带有目的、企图，不期望对方日后的回报等外在酬赏；（3）利他者自身要付出一定代价，这种代价是相对个人损益而言，损害他人或集体利益而助人的行为不属于利他行为。

（一）未成年人利他行为的现状

1．利他行为发展的一般年龄趋势

早在1787年，就有人发现一周岁的婴儿能与别人“分享”他喜欢的玩具或感兴趣的活动。20世纪80年代有研究者对24个1~2周岁幼儿进行了长达9个月的观察，之后再与孩子母亲的观察进行核对，其所得的相似结果显示，当目击他人的痛苦时，平均有三分之一的大于18个月的幼儿会表现出利他行为。同样在20世纪80年代，艾森伯格还发现，儿童在小学期间享乐主义倾向会逐渐消失，7~8岁儿童已经逐渐能以他人和社会的准则来处理所面对的问题，利他主义行为的数量开始上升。

未成年人利他行为随年龄增长整体呈上升趋势，国内学者李闻戈选择幼儿园中班、大班和小学一、三、五年级这五个年龄段儿童作为被试，研究发现，随年龄的增长，选择利他的人数比例增多，利他行为随年龄呈上升趋势。其中，幼儿园中班儿童基本上不表现利他行为，大班开始出现，从大班到小学三年级利他行为的发展在量的差异上并不明显，但表现出比较明显的年级差异。从小学三年级到五年级，无论是量还是水平上，儿童的利他行为都有显著的发展，该阶段是儿童利他行为的迅速发展期。

经过小学五年级这一儿童利他行为重要发展期后，利他行为的发展速度开始放缓，李丹等人关于中学生的调查显示，中学不同年龄段儿童在利他态度和利他行为倾向上没有显著的差异，也就是说在该阶段，利他行为并不一定会随年龄相应增加，这可能是因为初、高中学生正处于青春期，其生理和心理正在发生巨大变化，人格特征也不稳定，可塑性很强，同时儿童所受的社会规范教育相似，所处家庭文化背景相似。而利他行为的发生是儿童社会化的结果，随年龄增长，儿童的行为会受到越来越多的规范制约，因此，儿童是否做出利他行为、如何利他、如何看待利他行为等问题同小学时有很大差别，利他行为也可能不似小学时更易外表化。①

2. 利他行为存在性别差异

关于性别是否影响儿童的利他行为，长期以来受到心理学家的关注，虽一直没有统一意见，但已有研究发现儿童的利他行为存在性别差异，而亲社会性相关研究显示出女生普遍比男生更亲社会。

儿童的利他行为出现性别差异，这可能是在生理上女生比男生发育早一两年所致，反映在心理上则表现为女生普遍比男生成熟懂事。普遍研究结果认为，女性比男性具有更多利他行为。

（二）未成年人利他行为的改善策略

1. 归因训练

未成年人对行为的归因直接影响着他们的行为。归因理论认为，要想把儿童在某种特定场景表现出的利他行为保持下去，需要把利他的观念内

---

① 李丹，黄芸．中学生利他态度和行为倾向的调查研究［J］．心理发展与教育，1996（1）：4.

化，这是一种自我归因。正是由于有了自我归因，儿童利他行为才能具有持久性。所以，我们应该鼓励并帮助儿童建立一种正确的归因模式。可以通过专门的归因训练，消除儿童的消极归因模式，建立更为积极的归因模式。一般可采取三种归因训练法：团体发展法、强化矫正法和观察学习法。

2. 移情培养

移情对未成年人的利他行为有重大影响。因此，移情能力的培养与教育可以帮助儿童利他行为及观念的发展。

（1）培养儿童对他人情感变化的敏感性

对他人情感变化的敏感性指能识别和感受他人的情绪情感状态，包括别人的快乐和悲伤都能识别出来，感受得到。可以组织儿童看图书时适当提醒他们关注人物的面部表情，启发他们思考该人物是哪种情感状态。也可利用各种脸谱表情，如高兴、伤心、生气、愤怒、害怕等让儿童识别，并让儿童知道在什么情况下会有这种情绪状态。通过这样有意地引导，提高儿童对各种情绪情感的认知。

（2）培养儿童体验他人情感状态

体验他人情绪情感状态指将儿童置身于他人的处境，使之设身处地为他人着想，因而产生相应的情绪情感。儿童有时会拒绝他人的正当要求，

这是因为他们不知道处在他人的位置是怎样的感受。因此，启发儿童使之认识到别人都有自己的想法和情感，应学会理解别人，体验他人的情绪情感。因此，可以利用一些情境图片、角色扮演等来展示问题，从而使儿童能够了解更多的、曾经认识不清的问题，学会看到问题的不同方面，从多角度处理问题，思考问题及其后果，进而促进儿童利他行为的发展。

3. 表扬与奖励

未成年人的利他行为需要得到群体的认可与奖励。行为疗法认为，人的一切行为都是通过强化获得的，因此可以通过强化塑造利他行为。当儿童做出利他行为，家长和老师要及时加以强化，如表扬、奖励等，使儿童获得积极反馈，从而达到逐渐巩固的目的。反之，习得的利他行为可能会

消退。有关于儿童行为的研究表明，精神奖励在巩固儿童谦让行为中具有不可低估的作用，那么恰当地运用表扬和奖励也可能会促进儿童利他行为的发展。而在强化过程中，强化物的性质也十分重要，强化物的积极和消极以行为者的喜好或厌恶而定。有效强化物的选择要考虑个体差异、时机等，能够投其所好才能引起所希望的强化作用。

4. 榜样教育

未成年人首先是在家庭中成长起来的，并通过家庭教育获得最初的生活经验、社会道德评价标准和行为规范，家庭中的早期教育对未成年人具有直接、深远的影响。家庭中的早期社会化对个体成年后的利他行为有非常重要的影响，父母的言传身教是孩子利他主义形成的重要原因。儿童利他行为的学习和形成主要通过观察和模仿习得。榜样在儿童利他行为的形成中占有重要地位。

因此，在家庭早期教育中父母要为孩子树立良好的榜样，通过自身的示范行为让孩子理解他们不是宇宙的中心，要摆正孩子在家庭中的位置。家长不可过于溺爱孩子，应该合理地约束孩子的行为，使之符合社会规范，要与孩子建立平等的关系，重视爱的双向交流。同时，家长和学校老师是儿童直接模仿学习的榜样，都应该以身作则，用自身的优良品德去影响孩子，为孩子模仿行为创设一个良好的氛围，家庭及学校的耳濡目染、潜移默化，都会帮助孩子塑造良好的行为习惯。懂得主动帮助他人，建立良好的利他心理倾向。

五、攻击行为与健康人格

未成年人在校园中的攻击性和暴力行为屡见不鲜，不仅影响未成年人的学业成绩和身心健康，还可能给其家庭带来伤害，甚至影响社会安定。因此，如何干预未成年人的攻击行为，进而促进其人格的健康发展成为摆在我们面前亟待解决的问题。

攻击是指有意伤害他人的行为或倾向，包括身体伤害和心理伤害两方面，其核心特征为“有意伤害性”，此外，攻击还常涉及愤恨或想要伤害他人的情绪或内部心理状态。布莱恩曾拟定了一个攻击的定义，他认为攻击是一个由不同成分构成的范畴，包括伤害或毁坏性、有意性、厌恶性和唤醒性。

（一）未成年人攻击行为的现状

1. 攻击行为普遍存在

攻击行为是未成年人常见问题行为之一，国内外相关调查显示未成年人攻击行为的发生十分普遍。

2. 攻击行为发展具有年龄特征

对儿童生命早期攻击的研究，无论是小样本的观察研究、父母报告，还是大样本的自我报告都显示：婴儿期就出现了身体攻击，在会说话后出现言语攻击。

关于学前期儿童攻击发展的一致结论是，2~4 岁儿童身体攻击在减少，言语攻击增多。古迪纳夫根据父母日记发现，儿童的踩、打等攻击行为在两岁前一直增多，然后骤然下降，被言语攻击所代替。这一时期的攻击多由同伴冲突和物品抢夺而引起，为占有物品而发生的争吵是最经常的攻击诱因。

此外，学前期儿童在攻击对象的选择上也有一定特点。

（1）中、大班幼儿攻击同性别同伴多于异性同伴

总体上看，幼儿园儿童相较于攻击异性同伴，其攻击同性同伴的行为出现频率更高。在幼儿园阶段，儿童随年龄增长更倾向于攻击与自己同性别的同伴，对异性同伴的攻击行为逐渐减少。这种情况的发生可能与儿童对其性别角色认同有关。5 岁以后儿童对自己和他人的性别角色具有准确而稳定的认识，而随着儿童对性别角色认知的发展，儿童开始倾向于和同性别的伙伴交往，而在幼儿园阶段，儿童的攻击行为起因主要是同伴之间的消极的社会性互动，由此其攻击行为多指向于有更多交往互动的同性同伴。

（2）小班幼儿的工具性攻击多于敌意性攻击，而大班幼儿则相反

在学前期，男孩和女孩在攻击行为上也表现出不同。婴儿期关于攻击

行为的研究并未发现存在性别差异，而与婴儿期相比，学前期攻击发展的一个重要特点是出现了明显的性别差异，表现为男孩参与更多的冲突，无论是身体的还是言语的、敌意性攻击还是工具性攻击。

进入小学阶段，大多数儿童很少表现出攻击行为，攻击的总体发生频率下降。但是，攻击越来越集中在少数几个儿童身上，他们经常攻击他人，如打骂人或抢别人的东西等，构成了学校霸凌事件中的霸凌者。这一时期攻击的形式和功能也发生了变化，与学前期攻击的相对非社会性和工具性的特点相比，这一时期的攻击越来越多地发生于特定的成对关系之中，越来越具有以人定向和敌意的性质，引起攻击的主要因素开始包括感觉到的威胁和对自我及自尊的损害，对他人行为的归因开始起作用。

进入青春期后，大多数纵向研究都表明儿童的攻击行为发生的频率有所下降。

在性别差异方面，相关研究表明，男生和女生在选择攻击行为种类上也有所不同。曾有研究发现，在 11 岁和 12 岁的儿童中，男生比女生更多采用直接身体攻击，如打、踢、推等；女生则多采用间接攻击，如散布谣言、社会排斥等；男生和女生在直接言语攻击方面差异不显著，例如起外号、威胁恐吓等。

此外，未成年人不同的攻击行为类型在不同年龄阶段和性别两个维度上的发展趋势不是一成不变的。研究者曾针对芬兰 8 岁、11 岁和 15 岁三个年龄组儿童的年龄和其攻击行为类型之间的关系进行了研究。该研究显示，直接身体攻击的发生频率随年龄的增长而下降，而直接言语攻击的发生频率随儿童年龄的增长而上升。其中，8 岁儿童的间接攻击在所有攻击行为中占很低比例，但 11 岁女孩使用间接攻击的比例已经超过直接攻击。上述研究显示，儿童攻击行为存在性别差异，但随攻击行为类型的不同、儿童年龄及其身心发展不同阶段而表现出不同的模式。

（二）未成年人攻击行为的改善策略

1. 培养儿童移情能力

移情是指在人际交往中，人们彼此的感情相互作用，个体设身处地地对他人情境进行积极共情、平等分享和迅速应答的深层体验过程。国内相关研究表明，移情训练可以改善未成年人对攻击行为后果的认知，使其认识到攻击行为的危害性，知道这种行为会给自己带来什么后果，从而减少攻击行为的发生。

因此，可以利用移情来教育儿童，使其体验到他人的情绪、情感，从而认识到控制自己攻击性冲动的重要性，减少攻击行为的产生。教师可通过教学、游戏、日常生活等各种渠道，有意为儿童创设情境，使其设身处地、将心比心地体会他人的情绪，强调指出其攻击行为带来的不良后果，加强攻击者对被攻击者所承受痛苦的体验，使之产生对被攻击者的“感情共鸣”。这种方法是从根本上消除未成年人的攻击行为，值得大家思考和借鉴。

2. 建立良好榜样

根据班杜拉的社会学习理论，榜样在未成年人成长过程中起着十分重要的作用，而未成年人攻击行为的形成，主要也是通过观察和模仿习得的。未成年人置身于社会之中，无论是周围的人们，还是影视、网络游戏、小说中的人物，都是其学习模仿的对象。未成年人多接触亲社会行为有助于自身行为的培养。由此，父母、教师等作为儿童直接模仿学习的榜样，更应该言行一致、严于律己。教育者应为未成年人选择良好的榜样，如向未成年人推荐优秀的影视作品、课外读物等，号召他们学习具备广泛社会影响的优秀人物，鼓励未成年人多关注身边品行优秀的人，养成良好的行为习惯。

此外，当未成年人出现良好行为习惯时，教师、家长应及时给予肯定与奖励，这种正面强化可以让未成年人的良好行为逐渐巩固。而对于未成年人的攻击行为应及时制止并予以批评教育，使其认识到攻击行为是不能被接受的，客观地指出错误所在，鼓励其积极改正。

3. 创建良好的环境

人是在家庭、社会等环境中成长起来的，良好的家庭、社会环境必然有利于未成年人的健康发展。

许多研究已经证实，儿童的行为与家庭环境有着很高的相关性，家庭中父母对孩子的影响是十分深远的。作为孩子的第一任老师，父母应该加强与孩子心灵上的沟通，使儿童对父母产生信任并从父母那学会正确的解决问题的办法，父母应该耐心地倾听孩子说话，及时了解孩子内心的发展状态。父母应该关心孩子，让孩子有一个温暖、平等、友好的家庭环境，采用正确、民主的教养方式，既释放孩子的天性，又有效地约束其不良行为，使之充分、良好地发展。

鉴于儿童的模仿性，他们十分容易受到外界环境的影响。影视、报刊等大众传媒应注意其暴力内容对孩子的影响，明确等级制度，防止未成年人过早接触，导致不良心理及行为的产生。而建立良好的社会风气可以让未成年人时刻处在积极正确的生活氛围之中，身边有充分的良好行为习惯做参考，更利于其不良行为习惯的矫正及正确行为习惯的养成。

学校作为未成年人成长活动的主要场所，是其学习知识经验、养成行为习惯、建立世界观、价值观的重要环境。学校应保持优良校风，为未成年人提供平等、民主、自由的学习氛围，尊重学生，鼓励其与别人交往，学会互利合作等。当学生出现攻击行为等行为问题时，应及时给予教育与矫正，开展合作活动，让学生在日常学习活动中养成良好的行为习惯。

4．掌握良好的人际交往策略

攻击性较强的未成年人往往缺乏解决交往问题的策略，不善于与人建立良好的同伴关系。由此，便需要向未成年人提供一些正常交往的策略，通过榜样示范、解释和说明，帮助他们掌握交往技能，减少人际冲突，改善其人际关系，减少攻击行为的产生。

六、说谎行为与健康人格

未成年人说谎行为在日常生活中经常发生，该行为也让父母和老师十分担忧。说谎行为的发展是个体社会化的一个过程，因此，对说谎行为发展的相关研究引起了心理学家们的极大兴趣。自从皮亚杰开创对说谎行为的研究，学者们开展了很多相关研究，而到了20世纪80年代，随着儿童社会性发展研究的兴起，儿童说谎行为成了研究热点之一，并取得了一定的进展，也为未成年人说谎行为的矫正提供了一定的参考和方法。

对说谎的概念可以从两个方面界定：儿童视角和研究者视角。

（1）儿童视角的说谎行为

皮亚杰考察儿童道德发展时发现儿童对于说谎的理解经历三个阶段：顽皮话——某些不真实的东西——任何有意图的错误陈述。

在顽皮话阶段，儿童认为说谎属于不说真话，由于日常生活中儿童的顽皮话和说谎都会受到成年人的约束，但此时儿童不能区分出主观世界和客观世界，这使儿童认为说谎行为就是用语言手段所犯的道德错误。

第二阶段是 5~7 岁儿童，此时他们能够认识到有意行为和无意错误之间的差别，但好像并不想强调这种不同，而是将二者都称为说谎。

进入第三阶段，大部分儿童认为说谎行为即欺骗，是有意图的行为。

（2）研究者视角的说谎行为

由于研究者研究领域和出发点不同，对说谎概念的界定也不尽相同。

米歇尔认为说谎是对沟通者有利的错误沟通，该定义涵盖了人类和动植物这个更大范围的说谎现象。①

但是，按照米歇尔的定义，没有说谎意图的人也可能成为说谎者，因此之后有研究者提出，说谎是一种企图在他人身上建立欺骗者认为是错误的信任或理解的行为，在此定义中强调了说谎者的意图。

之后，弗里伊认为说谎不一定能成功误导对方，所以指出谎言是一种成功或不成功的有意尝试，没有预先警告，使他人产生一种沟通者自己知道是错误的信念。②

第七版《韦氏大学词典》中说谎的定义是：（1）说话者出于欺骗的企图把自己了解或相信的某事强行歪曲；（2）制造某种虚假的或可以产生误

① ［美］米歇尔·波芭．马羽译．不再有成长的烦恼［M］．上海：上海科学技术出版社，2006，（4）：23-27.

② 吴美琴，戴雨芊，李红．儿童说谎的发展及其影响因素探究［J］．苏州大学学报（教育科学版），2022，10（04）：76-86.

导作用的印象。该定义有两层含义：一是说谎的内容，说谎者对于事实上自己相信的某事却声称根本不是那么回事；二是说谎的动机，是有企图地欺骗他人。

综上，我们可以发现，说谎需要具备两个要素：其一，谎言确实是假话；其二，说谎者明知谎言不真实，但希望对方信以为真，即具有意图性。

（一）未成年人说谎行为的现状

1. 儿童说谎行为普遍存在并有年龄差异

目前国外学者的研究结果显示，儿童说谎行为在幼儿阶段已经出现，并且应用于不同的情境之中。

说谎行为在儿童身上是较为常见的，相关研究显示儿童的说谎行为发生概率较高。儿童说谎行为出现较早且普遍存在，此外，还具有一定的年龄差异。儿童说谎行为的发展不仅受到自身内部因素的影响，还可能受教育和文化环境等外部因素的影响。

2. 说谎技能随年龄增长而提升

说谎技能可以从侧面反映儿童说谎行为的发展特点，而随着儿童年龄的发展，说谎技能也逐步提升。

佩斯金的研究发现，87%的 3 岁儿童会用身体阻止竞争者拿他的玩具，而 4 岁儿童则会基于自己的动机来隐藏意图进行欺骗。徐芬等人的研究也发现，3~4 岁儿童的说谎策略性存在显著的年龄差异，该研究根据儿童说谎的不同表现和呈现水平将儿童的谎言分为无策略性谎言和有策略性谎言，前者指儿童只能一味承认或者说不符合逻辑的借口，后者指儿童说谎能够符合一般的逻辑。研究发现，3 岁儿童已经具有说谎的经验，而 4 岁儿童开始能够进行策略性的说谎，即 4 岁儿童在说谎时比 3 岁儿童更有策略。

此外，研究发现，儿童对说谎时的不同条件非常敏感。在儿童不会被指认为违反者时，选择隐瞒父母即出现说谎行为的儿童增多；而当其有可能被指为违反者时，儿童则更可能说真话。该年龄段儿童已经能够根据情境和潜在的利益选择说真话或谎话，而如若有潜在消极后果时，儿童为他人而说谎的可能性更小。

与说谎行为相关的欺骗行为发展也能从侧面反映儿童说谎技能的发展。国内学者刘秀丽对学前儿童欺骗的研究表明，学前儿童欺骗的发展分为三个阶段：行为主义阶段，一级信念阶段和二级信念阶段。3 岁儿童处于第一阶段，此阶段儿童不具有隐藏信息或意图的欺骗能力；4~5 岁儿童处于第二阶段，4 岁以后儿童的欺骗能力开始逐渐发展；6 岁儿童处于第三阶段，其隐藏意图的欺骗能力在 5 岁之后开始进入平稳发展时期。①

3 岁儿童说谎没有策略性，以事实为基础，但开始能够懂得掩盖自己的非言语表情。4 岁儿童开始出现为某种意图而说谎，之后说谎技能逐渐发展。由此可见，由于儿童随年龄增长认知逐渐成熟，其说谎技能也随之提高。

3. 不同情境下对说谎的道德评价不同

不同情境下，儿童对于说谎行为的道德评价有一定差异，对谎言的接受程度也有所不同。

因受到集体观念的影响，小学儿童对说谎的道德评价与情境有一定相关，对不同情境下的谎言评价不同：为个人利益说谎的行为只能得到消极评价，年龄越大评价越消极；而为集体利益而说谎的行为则可能得到积极评价并被人们接受，年龄越大，接受程度越高。

随着年龄的增长，儿童逐渐趋向于接受有利于集体的谎言，认为利于集体的谎言在一定程度上是可以理解并接受的。

傅根跃等人的研究发现，7 岁儿童已经具有初步的集体观念，且随年龄的增长，集体观念逐渐稳定，在个人情境下儿童越来越倾向于说真话，而在集体情境中则倾向于说谎。②

① 刘秀丽，车文博. 学前儿童欺骗及欺骗策略发展的研究［J］. 心理发展与教育，2006（04）：1-7.

② 傅根跃，王丽. 儿童说谎行为的研究述评［J］. 浙江师范大学学报（社会科学版），2007（04）：30-34.

（二）未成年人说谎行为的改善策略

1. 理解并尊重儿童的身心发展

第一，应该尊重儿童的身心发展规律。当儿童出现说谎行为时，成人应该以正确的态度和方式应对，不要急于给儿童贴上“说谎”的标签。足够的尊重和谅解十分重要，儿童早期出现说谎行为时，其自身认知水平有限，往往意识不到自己是在说谎。此时，家长应充分理解并体谅儿童，通过有效沟通了解儿童说谎的前因后果，并根据具体原因进行教育，切勿直接批评孩子。从儿童的发展角度来看，出现说谎行为或者编故事是十分正常的现象，哪个人从小就没有说过谎呢？成人应保持良好的心态，耐心引导并帮助儿童建立道德评价体系，正确理解自身行为的性质，从而减少说谎行为。

第二，当儿童出现说谎行为时成人应给予正确引导。儿童认识到自己的说谎行为时内心往往承受着来自父母的很大压力，此时父母应给儿童适当的安慰和鼓励，这样儿童才能有足够的勇气说出真话，之后再对其说真话给予适当的表扬与奖励，帮助儿童正确面对自身行为，并鼓励孩子坚持说真话。

2. 施行协调一致的教育

儿童说谎普遍存在，当面对儿童这种错误的行为时父母应该保持一致的态度，不应出现随成人心情而出现对儿童说谎的不同的应对态度和方法，也不要出现一方批评教育而另一方包庇纵容的情况。一致的教育态度可以避免儿童对其说谎行为存在侥幸心理，也可避免儿童因教育态度不同而产生逆反心理。此外，对儿童说谎行为的奖罚也应分明。儿童出现说谎行为时，成人不可随意处置或漠视不理，应给予适当的批评教育。但是，打骂往往只能起到相反的作用，使儿童在以后出现说谎时会用更多的谎言来逃避责任，如此形成恶性循环。而当儿童勇于承认错误并积极改正时，成人应给予一定的肯定与理解，使其通晓之中的道理进行自我约束。

3. 提供学习榜样与良好环境

儿童的行为很大一部分是从他人身上模仿习得的，其学习的榜样与所处环境就显得至关重要。

作为儿童早期的模仿对象，在日常生活中，父母应遵守对儿童或他人的承诺，不能履行或处理不得当时应及时承认并改正。此外，应当重视自己对孩子的许诺，很多家长对孩子随意许诺但不能兑现，孩子往往认为这是对他们的欺骗，会对家长产生不信任感，并慢慢学习这种行为。因此，在要求儿童不说谎的同时，父母应该约束自身行为，为儿童做出言行一致的榜样。

此外，为孩子提供民主、愉快的生活环境也利于儿童健康人格的形成。创建民主的家庭氛围，使儿童与大人能够良好并有效地沟通，在儿童充分感受到来自大人的爱和安全感时，可以避免因做错事产生恐惧心理而出现对父母说谎等行为。当孩子遇到困难时，家长与老师等应耐心倾听并提供参考意见和适当帮助，让孩子减轻焦虑并采取正确的解决方法，而不是采用说谎行为来逃避责任。此外，父母与老师对儿童不宜过于严格，在成人过于严厉带来的高压下，儿童承受不住巨大的心理压力则会采用谎言来掩饰与逃避。因此，提供民主、愉快的生活环境以减轻儿童的心理压力是避免其说谎的有效途径。

第三章

未成年人健康人格形成的影响因素

未成年人时期是健康人格形成的关键时期，健康人格的形成与塑造受到多方面因素的影响，包括家庭、学校、社会和网络等因素。近些年，未成年人的心理健康问题日益突出，情绪不稳，承受力低下，意志薄弱，缺乏自信，过度依赖他人，畏难情绪重，考试焦虑，记忆力衰退，注意力不集中，难以应付挫折，孤独自闭；在行为上出现说谎话，考试作弊，厌学逃学，伤害他人等现象，未成年人的这些心理健康问题应引起社会各方面的高度关注与重视。

第一节 家庭环境对未成年人健康人格的影响

在未成年人人格形成的过程中，家庭环境的影响是开始最早的也是时间最长的。早期的家庭生活经验是未成年人人格发展的基础。家庭氛围稳定温馨，民主平等，未成年人易形成健康人格。相比之下，生活在暴力、冷漠、专制家庭氛围下的未成年人则容易在人格形成与发展的过程中出现问题。

一、未成年人健康人格发展的家庭结构因素

家庭结构是指家庭中成员的构成及其相互作用、相互影响的状态，以及由这种状态形成的相对稳定的联系模式。它包括两个基本方面：家庭人口要素，即家庭内有多少人组成；家庭模式要素，即家庭成员之间怎样相互联系，以及因联系方式不同而形成的不同的家庭模式。

（一）家庭结构的类型

1. 单亲家庭

综上所述，单亲家庭概念应包括以下三方面含义：首先，家庭成员关系只有一种，即只有单一父亲或母亲与子女关系；其次，子女应有年龄界定，以成年为标准，我国年满18周岁者在法律上已被赋予成年人的权利和义务，因而单亲家庭子女的年龄可以界定在18周岁；最后，子女婚姻状况应是未婚且不具备独立生活能力。据此三点，单亲家庭应定义为：只有父亲（母亲）一方与其未婚的、年龄在18周岁以下，不具备独立生活能力的子女共同生活的家庭。

2. 隔代抚养家庭

家庭教育主要划分为两种形态，即父母对子女的亲子教育和祖辈家长对孙辈的隔代教育。我国自古就有隔代教育的现象，但主要存在于不幸失去双亲的家庭里。然而自20世纪80年代以来，以社会主义市场经济为取向的改革和日益扩大的对外开放，使人们的思想观念发生重大变化，竞争意识、自我实现意识、效益观等不断增强。据资料统计，当前我国70%的家庭存在隔代教育问题。我国的研究者把祖父母参与教养等同于“隔代教育”。有研究认为隔代教育就是祖辈家长对孙辈的看护和养育，一般是在三代家庭中进行。也有研究认为隔代教育是在祖辈家长和孙辈之间进行的，是祖辈对孙辈的成长发生影响的过程，这一影响过程实际上也是祖辈与孙辈的一种双向的互动过程。还有研究认为，隔代教育是父母不在的情况下由祖辈抚养的方式。

我国隔代教育主要存在于农村，从受教育者年龄段看主要集中于义务

教育阶段。研究者对隔代教育的效果进行了一系列研究，大多数研究倾向于弊大于利。大部分受隔代教育的学生学习成绩处于中等及中等以下水平，尤其在初中阶段，有些甚至对某些科目到了一无所知的地步。

3. 特殊家庭

相较一般儿童来说，所谓的特殊家庭儿童主要指由于家庭因素变迁而未能像大多数儿童一样享受安稳生活的儿童。特殊家庭儿童中也有单亲家庭特殊儿童、隔代教养特殊儿童和双亲共同教养的特殊儿童。这些儿童的特殊之处在于他们所具有的流动性。随着国家经济的发展，农村劳动力向城市转移的步伐逐步加快，青壮年外出打工现象越来越多，许多已婚且有子女的父亲或（和）母亲也开始加入外出务工大军的队伍。一些经济条件比较好的外出打工父母虽然将子女带在身边，设法让其在打工的城市入学，但户籍仍然留在农村，这些儿童被称为“流动儿童”；大部分进城务工父母由于无力支付孩子进城上学所面临的住宿费、学杂费等诸多开支以及其他各种原因，只能将子女留在农村，由祖父母或留守在家的父母其中一方或亲戚抚养照顾，造成亲子长期不能共同生活在一起的局面，从而出现了大批的“农村留守儿童”，有时也简称为“留守儿童”。

虽然大部分留守儿童都是由祖父母或外祖父母抚养，但是这有别于之前提到的隔代教养。隔代教养儿童，主要指父母和孩子并没有分开，在三代人共同组成的大家庭里一起生活，父辈和祖辈共同抚养一个儿童，祖辈起主要作用；而留守儿童的父母并不在身边，所以他们的教养人只有祖父母或外祖父母，祖辈起了决定作用。

（二）家庭结构对未成年人健康人格的影响

1. 家庭结构影响未成年人的情绪情感发展

（1）单亲家庭结构对未成年人情绪情感发展的影响

在随母亲生活的单亲家庭里，未成年人由于缺失父爱和男性阳刚特性的教育、玩耍特征，因而个性普遍胆小、内向、敏感并孤僻。而母亲由于担负了父母双重角色与责任，往往就会有过高的要求，并且过严地管教孩子，这又使孩子常常感到母亲的训斥和责骂多于关爱，由怕母亲逐步变成了疏远母亲和身边的亲友，自卑在所难免，更觉得自己不如别人，对周围的人和事物极其敏感。在随父亲生活的单亲家庭里，未成年人由于缺失母爱与细致的照顾，一些父亲身上的不良嗜好比如脾气粗暴、吸烟酗酒、打牌赌博，会影响孩子，认为自己也应当是这样，继而仿效。还有一些父亲由于长期忙于事业，几乎没有时间和精力顾及孩子，这样的孩子是在金钱的包围和保姆的照顾下长大的，没有体验过家庭的温暖和双亲的教育，从而从小就养成支使他人、唯我独尊的霸道作风和漠视他人、缺乏爱心、金钱至上等不健康的情绪情感。

（2）隔代抚养家庭结构对未成年人情绪情感发展的影响

在隔代教养中，祖父母教养中的养育因子可以显著负向预测儿童的孤独感，即祖父母对儿童养育关心和爱护越多，儿童的孤独感水平越低，越不感到孤独；生活在双亲健全的家庭环境中的未成年人心理健康状况和生活在父母离异、父母不和等家庭环境中的未成年人心理健康状况在总体和偏执、敌对、人际关系紧张、抑郁、适应不良等因素上均有明显差异。祖父母教养中的心理压力因子可以显著正向预测儿童的孤独和抑郁，即祖父母对儿童施加的心理压力越多，儿童的孤独和抑郁水平就越高。

（3）特殊家庭结构对未成年人情绪情感发展的影响

特殊家庭中的父母没有稳定的工作，为了生计，不得不外出打工，留下孩子委托给亲戚照管，这些未成年人大都处于个性发展和人格形成的关键时期，这一时期，他们特别需要长辈尤其是父母的关爱和引导，但是长期的分离使他们缺乏情感交流和关怀的需要，一些不良情绪如愤怒、失落、焦虑和担忧等得不到排解，长期积累，极易对情绪情感发展产生影响导致异常、偏离，造成不健康的人格发展。

2. 家庭结构影响未成年人的社会化发展

（1）单亲家庭结构对未成年人社会化发展的影响

相对于完整家庭儿童，单亲家庭的儿童社会化处于不利地位，单亲家庭儿童的亲子关系、同伴关系、自我控制能力等社会性发展相对不良，也就是说单亲家庭儿童在与父母、同伴、老师以及社会人群交往方面能力相对较弱。表现在以下一些方面：在家中疏远父母，不愿和父母沟通，经常发脾气；在学校中缺乏自信、寡言少语、对人冷淡、不愿交际、缺乏热情，对集体的事漠不关心，自我控制能力差等；而主动与人沟通、乐于助人、热情谦让、合作分享等行为较少出现。

（2）隔代抚养家庭结构对未成年人社会化发展的影响

相关研究显示，来自祖辈的关爱可以减弱与父母分离对子女的消极影响。但由于祖辈的情感表达不恰当或溺爱，隔代抚养长大的孩子心理健康状况较差，生活适应与学校适应不良。

生活在双亲健全的家庭环境中的未成年人心理健康状况和生活在父母离异、父母不和等家庭环境中的未成年人心理健康状况存在明显的差异，在不完整的家庭结构下成长起来的未成年人，更容易产生偏执、敌对、人际关系紧张、抑郁、社会适应不良等问题。

（3）特殊家庭结构对未成年人社会化发展的影响

留守儿童父母长期在外务工，临时监护人监护不力，造成家庭功能弱化，严重影响了儿童的正常社会化，留守儿童群体出现感情淡漠，学业不佳，劳动习惯缺乏，人生观、价值观偏离，人格不健全等普遍问题。

3. 家庭结构影响未成年人的问题行为

（1）单亲家庭结构对未成年人问题行为的影响

研究发现，离异家庭与完整家庭相比，其子女与同伴的关系以及子女与父母的关系均较差，表现出的问题行为也较多，主要表现为：情绪不稳、学习成绩不佳、打架、孤僻、撒谎等。

（2）隔代抚养家庭结构对未成年人问题行为的影响

隔代教育容易导致少年儿童养成不良行为。相关研究表明，隔代带养儿童行为问题检出率高于父母带养儿童。

（3）特殊家庭结构对未成年人问题行为的影响

成长于特殊家庭的未成年人由于长期见不到自己的父母，生活比较困难，没有父母的陪伴，缺乏关爱。尤其儿童时期生理、心理都在发生急剧的变化。如果在这个阶段不能提供良好的教育，很容易导致特殊家庭儿童产生学习适应不良、攻击行为、早恋、厌学、辍学等问题行为。

二、未成年人健康人格发展的家庭关系因素

（一）家庭关系的类型

1. 父母关系

父母关系是相对于子代而言，其亲代间的一种身份联系和互动关系。在家庭中，随着子女的出现，夫妻双方获得了为人父母的身份。父母关系是未成年人接触的最早的人际关系，父母关系和睦与否直接关系到家庭的和谐稳定，影响着未成年人的健康成长。

2. 亲子关系

亲子关系本是遗传学术语，指亲代与子代之间的生物血缘关系。在心理学领域则用其说明家庭中的父母和其亲生子女、收养子女或过继子女之间形成的双向互动关系，是最基本、最重要的一种家庭人际关系。亲子关系最大的特点就是有着很强的情感联结，这种情感联结与家庭氛围和情绪上的安全感有关，它关系到未成年人发展自尊、信任感和安全感所需要的支持能否得到满足，是家庭社会资本的重要组成部分。

在中国传统的家庭中，未成年人往往处于特殊地位，父母包揽一切。但20世纪90年代以来，随着家庭成员角色的不断转变和社会的不断变迁，中国家庭的互动模式逐渐从父母单纯地影响子女转变为子女和父母互相影响和互相作用。

亲子关系的强度取决于父母期望、亲子沟通、亲子信任、亲子冲突和父母监控等多方面的状况。父母期望和父母监控反映父母卷入子女生活的程度；亲子沟通、亲子信任和亲子冲突则是父母与子女互动过程中的表现。它们都是亲子关系的不同表现形式：父母期望是指父母想要子女达成某种目标的愿望；亲子沟通是指家庭中父母—子女之间交换资料、信息、观点、意见、情感和态度，以达到共同了解、信任与互相合作的过程；亲子信任作为发生在父母与子女之间的一种人际信任，是指亲子双方对彼此的言语或行动表示信赖的信心程度；亲子冲突则是一种负向的亲子互动模

式，指亲子双方在言语或非言语上的不一致，甚至完全对立的状况。

（二）家庭关系对未成年人人格的影响

1. 家庭关系影响未成年人的情绪情感发展

（1）父母关系对未成年人情绪情感发展的影响

长期的夫妻冲突会导致未成年人在同伴交往中变得具有敌意和攻击性；父母间紧张的关系会给未成年人造成极大的心理负担，成为未成年人心理创伤的背景，这种心理创伤会使孩子的性格带有一系列消极的特点。有研究表明，父母身体、言语冲突越多时，未成年人的抑郁越多，自尊水平越低。

父母的期望值与情绪情感密切相关，父母的期望值越高，孩子的心理健康状况越差。父母亲对子女的期望值过高，甚至超过了子女的自身条件，往往会给未成年人带来沉重的心理压力。父母对子女学习、升学等方面施压过重，会导致他们心理失衡，并可能产生对社会适应的恐慌。

（2）亲子关系对未成年人情绪情感发展的影响

杨晓莉发现，亲子双方沟通良好的青少年，其自尊水平最高，产生孤独感和问题行为的可能性较少。在亲子相互信任的家庭中，子女的宜人性较高，情绪性较低，亲密感和满意度较高，整个家庭的亲密度和适应性也较高。①

另外，亲子冲突能够显著地预测青少年的情绪和行为问题。与双亲发生冲突的青少年所表现的问题行为和抑郁最多，与双亲均无冲突的青少年所表现的问题行为和抑郁最少。亲子间高冲突性会导致个体的高孤独感。

2. 家庭关系影响未成年人的社会化发展

（1）父母关系对未成年人社会化发展的影响

佛洛斯等人发现，父母间的友善能正向预测亲子间的安全依恋。安全依恋会促进未成年人良好心理品质的形成和社会适应，不安全依恋会导致未成年人的问题行为。家庭对未成年人心理发展的影响，其实质是父母的

① 杨晓莉，邹泓. 青少年亲子沟通的研究 [J]. 中国家庭教育，2005（2）：1.

价值取向对未成年人的社会化的影响，即家长把内化了的社会文化传递给孩子。社会的价值观念和社会化的目标也是首先通过父母间的传递后再转向给儿童的。

（2）亲子关系对未成年人社会化发展的影响

亲子关系能够影响未成年人的社会化发展。良好的亲子关系能够满足未成年人发展自尊、信任感和安全感所需要的支持，促使他们更为勇敢、开放地探索外界事物，也有利于他们形成积极的人际关系，与同伴或他人建立高质量的关系。在亲子互动对未成年人社会化结果的影响方面，当前的研究有两种取向，一种是分类学取向，考察儿童养育实践的风格或类型；另一种则是社会互动取向，关注亲子互动的性质。立足于社会互动观点的研究认为，与父母面对面的互动为儿童提供了社会技能学习、演练和精致化的机会，亲子互动的性质及由此而发展的亲子关系的质量是儿童社会性发展的重要关联因素。研究发现，亲子关系的质量与亲子间的沟通、信任与冲突密切相关。良好的亲子沟通能够提高亲子关系质量，也会减少或缓解家庭负性事件，从而促进青少年的社会适应。人的社会化过程，不仅显示了品德发展和个性完善的过程，而且也从中获得了行为方式的各种成分。家庭是未成年人社会化的主要场所，也是社会化的最先执行者和基本执行者。未成年人的社会知识、道德规范和社会行为首先是从家庭中获得的。良好的教育方式，有利于未成年人的社会性发展，不良的教育方式，则在一定程度上对未成年人社会性发展起着阻碍作用。

3. 家庭关系影响未成年人的问题行为

（1）父母关系对未成年人问题行为的影响

父母关系处理得如何，不仅影响夫妻感情和生活，同时也影响家庭中未成年人的情绪、行为和社会适应。有研究表明，父母婚姻关系的质量越好，亲子关系就越亲密。婚姻关系还存在代际传递性，父母婚姻不和会影响到子女婚姻。葛朗迪的一项追踪研究表明，父母冲突会影响青少年早期的行为能力。父母冲突可以很好地预测攻击行为、与不良青少年的交往以及吸毒等外显行为问题；父母冲突引起的家庭紧张对未成年人犯罪有重要影响。

（2）亲子关系对未成年人问题行为的影响

研究发现，青少年与父母间的沟通越多，青少年的犯罪行为就越少；青少年与父母间沟通障碍越多，青少年的犯罪行为就越多。

三、未成年人健康人格发展的父母教养态度因素

（一）父母教养态度的含义

教养态度是指当父母在教导子女的生活常规、做人的道理，以及教养其子女的行为表现时，所采取的一套特有的态度和行为模式。

教养态度的内涵包括态度和行为两个层次。所谓的教养态度是指父母在训练或教导子女方面所持有的认知、情感及行为意图，而教养行为是指父母在训练或教导子女时所实际表现出来的行为和做法。

还有学者提出另外的解释，即父母教养态度就是父母养育子女与教育子女的复杂运作过程中所持有的态度与信念，及其所表现出来的对待子女的方式。包括态度、行为与应对方式，它发生在亲子互动之间，而这种运作过程会在亲子互动过程中受到亲子双方特质的影响。

（二）父母教养态度对未成年人人格的影响

1. 父母教养态度影响未成年人的情绪情感发展

有研究表明，父亲如果态度和善，多与孩子进行情感上的沟通，理解孩子的内心世界，最容易得到孩子情感上的应答，使未成年人的性格朝着外向特征发展，即渴望刺激和冒险，情感易外露，冲动，喜欢热闹，好交际，开朗活泼。子女对母亲的情感要求则更高，特别渴望得到母亲的慈爱和理解，如果母亲不能满足子女潜意识中的温暖和理解，接纳、肯定和参与，子女则经常面孔冷峻，独断专行，过多表达负性情感。

父母对子女的期望值与子女心理健康密切相关，父母的期望值越高，孩子的心理健康状况越差，因此父母亲对子女的期望必须适度。父母亲对子女的期望值过高，甚至超过了子女的自身条件，往往会给子女带来沉重

的心理压力。

2. 父母教养态度影响未成年人的学业成就

父母教育子女的方式会影响到子女的学习进步是通过影响学生的学业自我概念和目标定向来起作用的，父母情感上的温暖和理解在一定程度上会促使子女在学业自我概念上取得较好的自我评价，从而影响其学业成就。

大量的针对学业不良或学习困难学生的研究显示，学习成绩不良除了与智力因素相关以外，还与家庭环境、父母教养方式等因素密切相关。父母的严厉惩罚、拒绝和否认以及过分干涉都明显高于学业优秀的学生。

辛自强等人的研究发现，父母温暖和理解的教养态度使子女产生温暖、信任和安全感，并形成良好的个性与学习习惯，惩罚、否认、拒绝和干涉的教养态度则使未成年人有逆反与自卑感，对学习厌恶、抵触和缺乏信心。①

3. 父母教养态度影响未成年人的问题行为发展

父母的不良教养态度和其行为与未成年人的问题行为有因果关系，而且父母的不良教养态度和其行为是未成年人发生问题行为的决定性因素。家庭的不良教养更易使学生产生各种问题行为，如反抗、破坏、不合作；以及非社会行为，如自卑、不适应、孤独、抑郁、逃避、依赖等。

4. 父母教养态度影响未成年人的人格发展

家庭是儿童早期生活最基本的环境，约占其全部生活时间的2/3。儿童时期是个体生长、发育、身心发展得最迅速的时期，也是最容易接受环境影响和教育的时期。家庭对儿童的作用，不仅在于它所提供的生活保障，更为重要的是它对人格形成的影响。

---

① 辛自强，郭素然，池丽萍. 青少年自尊与攻击的关系：中介变量和调节变量的作用［J］. 心理学报，2007（05）：845-851.

四、未成年人健康人格发展的父母教养方式因素

（一）父母教养方式的含义

希尔斯、麦克比和列文等人认为父母对子女的教养方式，在本质上是一种亲子间的交互作用，包含父母的态度、价值、兴趣、信念、照顾和训练等行为。父母教养方式是父母的教养观念、教养行为及其对儿童的情感表现的一种组合方式，这种组合方式是相对稳定的、不随情境的改变而变化。另有研究者认为父母教养方式是指一种与教养有关的、稳定的态度和信念的综合体，反映了亲子交往的实质。

家长的人格特质对未成年人人格形成发展的影响是潜移默化的，家长是未成年人观察、学习的对象。作为家长，必须要加强自身修养，提高文化素养，注重品德，不断提高自身素质，尤其是要掌握科学的教育方法。[①]

在国内，关于“教养方式”仍然没有一个明确的、统一的定义。本书认为父母教养方式是父母的教养观念、教养行为及其对儿童的情感表现的一种相对稳定的组合方式，反映了亲子交往的实质。

（二）父母教养方式对未成年人人格的影响

1. 父母教养方式影响未成年人的认知发展

维果斯基认为，未成年人认知能力的发展受到各种社会因素的影响，其中在问题解决过程中成人创造的环境及提供的指导是十分重要的，而这种指导就体现了父母的教养方式。通过这些指导，未成年人的认知能力才能超越现有水平而向上发展。因此，要理解儿童的发展，就必然要关注父母在日常生活中向孩子提供的各种正式和非正式的指导。

美国心理学家威特金对认知方式所做的经典的划分即分为场独立和场依存两种类型。李寿欣、李波研究发现场依存学生的父母对其有较强的严厉管制倾向；场独立未成年人的父亲表现出更多的偏爱行为；场独立未成

① 任泽鑫. 父母教养方式与青少年自立人格的关系［D］. 喀什大学，2021.

年人母亲有更多的拒绝、否认行为。①

鲍蒙顿通过对权威型、专制型和放任型父母及其孩子的追踪研究发现，权威型教养方式与未成年人的积极发展结果相关联，且反应敏捷、稳固的亲子关系对男孩的能力发展尤其重要；专制型父母的儿子在认知与社会性能力方面均较差，他们的学业成绩和智力表现较差，而且性格不友好，在与同伴相处时，主动性、领导能力和自信心都相对欠缺。

2. 父母教养方式影响未成年人的情绪情感发展

岳冬梅等人研究发现，不良的教养方式，如父母明显的缺乏对子女的关心、理解、信任和鼓励，很有可能是子女患神经症的危险因素之一。神经症患者的父母对子女更多表现出的是冷漠和忽视的态度，对子女缺乏关注、爱心和肯定。此外，神经症患者的父母对子女有明显的体罚行为，或对子女表现过多的否定、拒绝和贬低行为。②

王春莉、廖凤林的研究表明，父母教养方式对子女的焦虑、抑郁情绪有影响。无抑郁情绪的未成年人父母的教养方式在情感温暖理解维度上的得分高于轻、中度抑郁未成年人的父母，在严厉惩罚维度上的得分低于轻度抑郁未成年人的父母；在过分干涉保护维度上轻度和重度抑郁未成年人的父母的得分高于无抑郁未成年人父母的得分。父母投入的情感温暖理解越多，未成年人的积极情绪越多，焦虑、抑郁程度越低。③

3. 父母教养方式影响未成年人的社会化发展

人的社会化过程，不仅显示了品德发展和个性完善的过程，而且也从中获得了行为方式的各种成分，儿童的社会化问题从 20 世纪 80 年代以后，越来越受到关注。家庭是儿童社会化的主要场所，也是社会化的最先执行者和基本执行者。儿童的社会知识、道德规范和社会行为首先是从家庭中

① 李寿欣，李波. 父母教养方式对学生认知方式发展的影响［J］. 健康心理学杂志，2004，12（002）：156-157.

② 岳冬梅. 父母教养方式与神经症［D］. 沈阳：中国医科大学，1991.

③ 王春莉，廖凤林. 父母教养方式与高中生抑郁情绪的相关性［J］. 中国临床康复，2005（20）：35-37.

获得的，同时，社会的价值观念和社会化的目标也是首先通过父母传递给儿童的。家庭对幼儿心理发展的影响，其实质是家长的价值取向对幼儿的社会化的影响，也即家长把内化了的社会文化传递给孩子。良好的教育方式有利于儿童的社会性发展；不良的教育方式则在一定程度上对儿童社会性发展起着阻碍作用。

父母的教育方式对儿童的社会化发展具有极其重要的影响，未成年人通过接受父母的教育方式给他们的教育影响，形成并获得了社会的价值观和传统的行为习惯，并为将来的发展做好心理上的准备，对于学龄前儿童来说，由于父母更多地教育、照顾他们，教育方式对他们的社会化发展的影响显得尤为重要。

4. 父母教养方式影响未成年人的问题行为

阿肯巴克把未成年人的问题行为分为两类：内隐问题行为与外显问题行为，前者指焦虑、不安、抑郁、退缩等情绪问题，后者指攻击性、反抗性、反社会性、过度活动等行为问题。问题行为在未成年人的成长过程中相当普遍，并且持续的时间长，阻碍儿童社会性、个性和认知的发展。研究表明，儿童早期的某些行为，尤其是典型的外显和内隐问题行为，可以预测青少年期和成人期的犯罪行为及以后发展过程中患精神病的可能性。

许多家长表现出过分关心，如无微不至地照顾孩子，不必要的担心和不安，无条件服从和溺爱，均会造成子女身心发育迟缓，依赖性强、忍耐性差、缺乏独立性和控制能力，从而产生各种行为问题。

5. 父母教养方式影响未成年人的人格发展

研究发现，人格维度神经质、精神质得分分别与父母不良的教育方式，如严厉惩罚、拒绝否定、过度干涉有显著的正相关关系。

长期不当的父母教育方式易使子女形成难以适应社会的不良人格特征，从而为人格障碍、神经症的发生提供了病前人格基础。严厉惩罚、拒绝否认、过度干涉的教养方式越多，其子女就越可能多地表现出孤独、不关心他人、难以适应外部环境、喜欢冒险等特征。这种情况的出现可能与父母采用高压策略多、表达负性情感、积极情感少，而使子女对人产生消极认知，不能关心理解他人、行为倔强并因此不能适应外部环境。理解、情感温暖能促使子女性格的平衡发展，可减少对自身健康的关注，情绪乐观而稳定，易与人打成一片，待人真诚，成熟，适应力良好，谨慎实际，但也易出现对生活自满自足，无所追求，但在此基础上再进行过度干涉和保护，就将导致子女对生活境遇持消极态度，不信任他人且无自知力，偏爱易使子女在家庭中处于一个比较特殊的地位，受到过分的照顾和溺爱，容易产生任性、自我中心、依赖性和缺乏韧性等不良的人格特点。过度保护可阻碍子女独立性和社交能力的发展，以致子女形成缺乏自信、过分自我约束和依赖等不良的人格特点。[①]

五、未成年人健康人格发展的家庭功能因素

（一）家庭功能的含义

家庭功能概念自 20 世纪 70 年代被提出来之后，就一直为学者所关注，研究者从不同的研究重心出发，对其进行了界定。

在国外，这些定义大致可分为两类：

第一种是结构取向，主要从家庭的具体特征来定义。代表人物有贝弗斯、奥尔逊和舍克。贝弗斯从家庭关系的结构、反应的灵活应变性、家庭成员交流的特性、家庭亲密度和适应性这几个方面来定义家庭功能的含义；奥尔逊则提出家庭功能应是家庭成员间的情感联络、家庭交流、家庭原则以及应对外部活动的有效性；舍克认为，家庭功能是指家庭从他的家庭系统、人际关系、相互关照、应对能力和艰难处理家庭生活过程中所反映出的家庭生活质量。以这一类定义为基础而发展起来的理论就是结构取向的家庭功能理论。

第二种是过程取向，主要从家庭需要完成的任务来描述家庭功能。以艾斯滕和斯金纳为代表。斯金纳认为家庭功能是指为家庭成员生理、心理、社会性等方面的健康发展提供的一定的环境条件。为实现这一基本功

① 石紫薇. 未成年人家庭思想道德教育功能研究［D］. 湖北大学，2021.

能，家庭系统必须完成一系列的任务，如满足个体在衣食住行等方面的物质需要，适应并促进家庭及家庭成员的发育和发展，应付和处理各类家庭突发事件等。家庭实现其基本功能主要通过沟通、情感表达、情感卷入、情感控制等方式，其理论基础就是过程取向的家庭功能理论。

在国内，张文新认为家庭功能是指家庭系统运行状况、家庭成员之间的关系以及家庭的环境适应能力等方面的综合定义。① 嵇家俊认为，家庭功能是指家庭在与社会的联系和作用中所具有的满足其成员情感依恋、信息交流、物质共享等需要以及使其适应和改变社会环境的功用和效能，研究时可以从家庭功能的发挥过程和发挥结果两个方面进行评定。② 高静定义家庭功能为：家庭要满足个体基本的生理物质需要，要不断地适应家庭成员的发展变化，能够灵活应对家庭出现的各种突发事件。③

（二）家庭功能对未成年人人格的影响

1. 家庭功能影响未成年人的情绪情感发展

徐洁等人研究发现，家庭功能发挥的过程和结果对未成年人情绪问题的出现有着非常大的影响。④ 从家庭功能发挥结果来说，亲密度和适应性的得分越高，即家庭功能发挥结果越好，则未成年人的抑郁和焦虑问题就越少。所以无论从过程或是结果来说，家庭功能的发挥对未成年人的情绪问题的影响都是非常明显的。

卡沙尼和艾伦等人 1995 年在对抑郁症和正常未成年人的家庭功能进行的调查中显示，在亲密度程度上，两组儿童的家庭存在显著的差异，抑郁症儿童的家庭亲密度明显不如正常儿童的家庭亲密度。另外，与正常家庭

---

① 徐夫真，张文新，张玲玲. 家庭功能对青少年疏离感的影响：有调节的中介效应［J］. 心理学报，2009（12）：10.

② 嵇家俊. 青少年情绪调节能力及其与家庭功能的关系研究［D］. 上海：上海师范大学，2010.

③ 高静. 初中生家庭功能，领悟社会支持和孤独感的关系研究［D］. 石家庄：河北师范大学，2011.

④ 徐洁，方晓义，张锦涛，等. 家庭功能对青少年情绪问题的作用机制［J］. 心理发展与教育，2008，24（2）：7.

的未成年人相比，亲密度不良家庭中的未成年人其抑郁和焦虑症状更加明显。

辛自强和池丽萍的研究发现，家庭功能对孤独感的形成起到的间接作用，是通过内部行为这一中介变量来实现的。而家庭功能对孤独感的影响也有直接的预测作用，如果未成年人缺乏与家庭成员的情感交流，家庭的行为控制又混乱，在这种情况下未成年人会感到孤独。[①] 李彩娜、邹泓研究发现，亲子间的关系融洽，并进行合理有效的沟通，和谐的家庭氛围，个体体验到的孤独感会显著低于家庭关系不好的家庭成员，说明家庭功能会直接影响个体的孤独感。李彩娜、邹泓探查亲子间家庭功能的知觉差异及其与未成年人孤独感的关系，结果表明不同知觉差异组青少年的孤独感差异显著，亲子间的知觉差异与未成年人的孤独感水平间呈线性关系，亲子间家庭功能的知觉差异越大，未成年人的孤独感水平越高。亲子间在冲突与和谐及父母关注维度的知觉差异可以显著预测青少年的孤独感。[②] 赵笑梅、周丽研究表明家庭亲密度对小学生孤独感具有显著的负向预测作用。生活在高亲密度家庭中的小学生孤独感低，而生活在低亲密度家庭中的小学生孤独感则较高。家庭适应性也对小学生孤独感起着显著的负向预测作用。对家庭适应性高的小学生较少体验到孤独感，而家庭适应性低的小学生则更多感受到孤独。[③]

2. 家庭功能影响未成年人的问题行为

大量研究表明，在影响问题行为的诸多因素中，家庭的功能性因素是一个可以显著预测个体的适应状况的因素，家庭功能运作不良会导致未成年人出现更多的问题行为。家庭治疗临床实践也表明，家庭功能不良会导致子女出现更多的外显和内隐问题行为。科姆谢尔和艾斯滕1994年的研究表明，家

① 池丽萍，辛自强. 家庭功能及其相关因素研究［J］. 心理学探新，2001，21（3）：55-60.

② 李彩娜，邹泓. 青少年孤独感的特点及其与人格、家庭功能的关系［J］. 陕西师范大学学报（哲学社会科学版），2006（12）.

③ 赵笑梅，周丽. 小学生孤独感与家庭功能的关系研究［J］. 河北师范大学学报：教育科学版，2010，12（9）：4.

庭亲密度和适应性对未成年人问题行为的产生起到了关键的作用。

3. 家庭功能影响未成年人的人格发展

近20年来，研究者对“家庭环境在未成年人心理发展中的作用”的研究重点也开始由简单的单向影响模型到更为全面的系统论观点，即家庭的各个成员是相互关联的，父母对孩子的影响是重要的，儿童会对父母的关系以及父母的养育行为产生影响作用；家庭是不断发展的社会系统，它所处的社区和文化背景会影响到家庭功能的实现。

家庭功能发挥得越好，个体较多呈现的是积极健康的人格，反之，家庭功能越差，个体的人格就越不健康。对家庭功能和人格进行回归分析时发现，家庭功能中的角色、问题解决、情感卷入和总的功能四个维度对人格有预测作用，其中角色功能反映的是家庭最基本最重要的功能，说明家庭应积极努力地去实现此功能，这样才有可能为子女的人格健康发展提供保障。

第二节 学校环境对未成年人健康人格的影响

对于未成年人而言，尤其是学龄儿童，学校是他们待的时间最长的地方，学校环境中的各种因素将成为未成年人认知、个性与社会性发展的重要影响源。首先，师生关系对儿童的学业成就和适应性有重要影响，体验到亲密师生关系的儿童具有较高的学校适应水平和较强的学习动机，而体验到较多师生冲突的儿童更可能对学校和学习产生厌恶或逃避情绪，并可能出现学业问题或其他行为问题。其次，班级作为学生在学校学习、生活的基本群体单位，是学校环境的基本组成部分，班级环境会影响儿童对班级的认同感和归属感，进而影响儿童的学习态度、学业行为以及学校适应。最后，和谐的校园氛围是以良好的师生关系和班级环境为基础的，还包括校园安全、校园风气等方面，代表了一个学校整体的风格和特点，持续地影响着儿童的学习与发展。学校教育工作的重心，不再仅仅是教授固定的知识，而更重要的是塑造未成年人健康的人格。①

一、未成年人健康人格发展的师生关系因素

（一）师生关系的含义

师生关系主要指学校中教师与学生之间的基本人际关系，是师生之间以情感、认知和行为交往为主要表现形式的心理关系。师生关系作为学校环境的一部分，既是学校中教师与学生之间的基本人际关系，也是未成年人社会化过程中的重要社会关系之一，贯穿于整个教育的始终，直接关系到学生的健康成长。

师生关系与亲子关系有相似之处。皮娜塔等根据依恋理论和互动理论，提出了师生关系研究的三个角度：亲密、依赖、冲突。

亲密包括热情和开放式交流，它对学生起支持作用；依赖指学生的占有和依恋行为，过分依靠教师作为支持的源泉，不同于亲密的积极作用，依赖型师生关系会妨碍学生的学校适应；冲突的师生关系则表现为不协调的互动和不和睦。王耘将小学 3~6 年级学生的师生关系划分为冷漠型、冲突型和亲密型，其中亲密型是积极的师生关系，其他两种均为消极的师生关系。②

（二）师生关系影响未成年人的健康人格

大量研究表明，师生关系不仅影响学生在学业表现、情绪情感、自我和社会适应等方面的发展，还对学生的亲子关系、同伴关系有重要影响。温暖、亲密的师生关系是促进学生发展和减少学生问题行为的关键因素，它有利于学生思想品德的形成、学业的提高、智能的培养以及身心的全面发展；有利于儿童形成对学校的积极态度，主动参与班级、学校活动，与

① 刘超军．学校教育中青少年健全人格塑造研究［D］．河南大学，2015.

② 王耘，王晓华，张红川．3—6 年级小学生师生关系：结构、类型及其发展［J］．心理发展与教育，2001，17（3）：6.

同学建立积极的情感关系，发展良好的个性品质和较强的社会适应能力。不良的师生关系可能使学生产生孤独感和对学校的消极情感，在学校里与老师、同学关系疏远，表现出退缩、攻击等问题行为及一些学业问题。

二、未成年人健康人格发展的班级环境因素

（一）班级环境的含义

班级环境是教学环境中的一种社会环境、软环境。沃尔伯格认为班级环境包括学生在班级内的角色组织、角色期待、共同的信念形成的规范与约束机制，以及学生在班级中的满足感、亲密性和摩擦等。国内学者范春林、董奇则认为，班级环境是指影响教学活动的开展、质量和效果，并存在于课堂教学过程中的各种物理的、社会的及心理的因素的总和，其中物理环境是教学赖以进行的物质基础和物理条件，主要包括教学的自然环境、教学设施和时空环境等；社会环境是课堂中师生互动和生生互动的基本要素及状况的总和，包括师生互动与师生关系、同学互动与同学关系、课堂目标定向、课堂规则与秩序等；心理环境则是课堂参与者——教师与学生的人格特征、心理状态和课堂心理行为等。①

屈智勇等人将中小学的班级环境分为团结向上型、一般型和问题型三类。团结向上型的班级环境表现为有良好的人际关系和秩序纪律，竞争气氛浓厚，学习负担适中等特点；问题型的班级环境特点是学习负担较重，竞争气氛居中，秩序纪律、人际关系特别是师生关系较差；一般型的班级环境表现为有较好的师生关系和同学关系，但在学习负担、秩序纪律、竞争气氛等方面与问题型班级比较接近。②

（二）班级类型影响未成年人的人格

班级环境对学生的认知能力、个性与社会性发展、行为适应等方面都

---

① 范春林，董奇．课堂环境研究的现状、意义及趋势［J］．比较教育研究，2005（08）：61-66.

② 屈智勇，邹泓，王英春．不同班级环境类型对学生学校适应的影响［J］．心理科学，2004，27（1）：5.

会产生影响。

班级环境影响学生最主要是通过学习表现出来。在不同的班级环境中，学生表现出的学习态度、学业行为有所不同。在团结向上型的班级环境中，学生会有更积极的学习态度。更好的学业行为和学校态度。学生在班级环境中体会到的关系状态会通过自尊水平对其成就动机产生影响。

福莱谢对以往研究的元分析结果发现，学习环境与学生的认知和情感发展有密切联系，这种联系在年龄较大的儿童中表现得更为明显，且在有凝聚力、令人满意、有目标、有组织和较少冲突的课堂环境中，学生在认知和情感指标上的得分会比较高。班级环境中的师生关系、同学关系还会对学生的心理健康状况产生影响，师生关系和同伴关系较差的学生更容易出现抑郁、焦虑等情绪。

此外，班级环境还会影响学生的学校行为表现，进而影响其学校适应。德利拉通过对同卵双生子的研究发现在同一班级环境中的双胞胎的问题行为比在不同班级环境中的双胞胎的问题行为具有更高的近似性，这说明班级环境是未成年人问题行为的重要预测变量。

还有研究者认为班级环境可以调节个体行为与学校适应之间的关系。郭伯良等人研究发现，班级环境中的老师支持可以减弱退缩行为和学校适应间的负向联系，老师训诫可以减弱攻击行为与同伴接受间的负向关联，并且对退缩行为与学业成就之间的负向联系也具有削弱效果，班级环境中的同学关系可以明显增强学生问题行为与学校适应间的负向联系，而班级秩序纪律对攻击行为和学校适应间的负向关联有明显的强化效果。①

① 雷雳，王燕，郭伯良，等. 班级行为范式对个体行为与受欺负关系影响的多层分析［J］. 心理学报，2004，36（5）：563-567.

第三节 网络环境对未成年人健康人格的影响

在信息时代，互联网这一工具已被人们广泛使用。它提供了海量的信息资源，给我们的生活带来了前所未有的便捷。但由于互联网本身的开放性、虚拟性和兼容性，其内容良莠不齐。

从人格发展的角度来讲，人的社会化即一个人的个性和人格形成与发展的过程。与传统意义上的人格社会化不同，在信息时代，“网络背景下的未成年人人格发展有其独特之处”①。未成年人正身处初始社会化向预期社会化的转型阶段，是人格形成的关键期。可以认为，在这一重要阶段，网络环境在很大程度上决定了未成年人今后的人格发展趋势。

在网络时代这个大背景下，如何让未成年人的人格得以健康发展，网络对其产生的负面影响能否得到控制，就成了我们所要关注的焦点。

一、网络社会的概念与特点

（一）网络社会的概念

网络社会的发展离不开网络的支持，正是因为网络的迅速发展，才使得人类步入了一个全新的世界——网络世界。那么在人类社会中适用的一切原则或方法，在网络世界中就不尽适用，于是，人类经过磨合调整，逐渐掌握分析出一套适用于网络世界的原则。渐渐地，人们开始在网络世界中交往，网络社会也就应运而生。

“网络社会”是在信息技术作用下，人类社会所开始进入的一个新的社会阶段或所产生的一种新的社会形式，即社会是实体，网络是形式。基于不同文化背景的差异，网络社会的模式和表现形态也不同。由于新社会

① 李宛昱. 未成年人网络隐私权民法保护研究［D］. 青岛科技大学，2021.

技术进步进程与每个社会文化和历史之间的细微交互作月，在网络社会的不同发展阶段，也表现出了不同的形态。

（二）网络社会的特点

网络社会的基本特点是虚拟性。在网络社会中，人们之间的交流多是通过信息的传递和交换实现的。其一，信息和物质不同，它没有物质那样的实体，而是一种既抽象又无所不在的东西。其二，网络资源的开放性与共享性也决定了网络社会的开放共享性。网络社会是一种共享的交往模式。其三，网络社会跨地域广泛性。在计算机网络将地球连成一个村落的时候，人类就已经同处于一片天空下了，网络社会中任何一个角落的组织或个人，都可以来自现实社会中的不同国家，不同地区。只要他们愿意，就可以通过计算机和互联网，在任何时间同网络社会中的任何地方的组织或个人进行各种形式的交流，以获取自己在工作、学习、生活等方面需要的信息资源。

二、未成年人人格发展的网络因素

国内外关于互联网使用与未成年人认知发展的研究主要涉及的领域有未成年人认知技能、概念发展、认知能力（包括逻辑思维能力、类同与反省思维能力、推理能力、阅读能力等，以及批判性思维能力等方面。虽然研究的领域比较广泛，但却并没有公认的结论，计算机与互联网的使用对未成年人认知发展的影响如何，仍然有很多未知数。

（一）网络影响未成年人的认知技能发展

由于上网是需要使用数据终端与网络连接的，因此互联网对未成年人认知技能发展的影响包括其使用计算机玩电子游戏对其认知技能的影响及其使用计算机玩网络游戏对其认知技能的影响两个方面。

1. 电子游戏影响未成年人认知技能发展

电子游戏常常是图形、声音、文字和三维画面的结合，要求游戏者先对一系列信息符号进行解码，然后快速做出决定完成任务；在操作的过程中，需要青少年具备一定的空间表征、图像技能、视觉注意等认知技能，其中不同的游戏可能需要运用不同的特定认知技能，因此会对青少年相应的认知技能有所促进。

萨布莱曼耶等人 2001 年在对 10 岁半和 11 岁半的儿童研究中发现，玩一种叫作“Marble Madness”的计算机游戏比另一种计算机化的文字游戏更能稳定地提高空间成绩。另一项在罗马和旧金山进行的跨文化研究中，格列夫德和加玛尼诺等学者发现，玩计算机游戏可以促使被试的表述风格从言语向图像转换，即被试在他们的表达中更多地使用图表和图像。格列夫德等学者还研究了大学生精通电子游戏对视觉注意分配策略的影响，他们发现精通者比新手的反应时间更快，而且玩动作游戏也提高了在多个方位注意追踪多个事件的策略。还有学者研究了心理旋转，发现儿童玩过与心理旋转有关的电子游戏后，同玩过与心理旋转无关的电子游戏的儿童相比，心理旋转能力提高了。

原则上，认知技能通过计算机游戏得到提高还有个前提条件是儿童达到相应的成熟水平，但是只有麦克拉格和切里做过比较年龄影响的研究，他们发现五年级、七年级、九年级的学生在计算机游戏对认知技能的影响上没有差别。弗朗茨研究发现，男性在玩了一种名为“Tetris”的计算机游戏后空间视觉技能得到了提高。通过“Tetris”计算机游戏所发展的空间视觉技能与韦克斯勒智力测验的物体类分测验中对成人和儿童所测的技能相似。但是并不是每一款游戏都对所有的认知技能有影响，只有一款游戏需要某种特定的技能，才会对相应的认知技能有影响。由于现有的研究都是现场实验，即被试玩过电脑游戏后立即施测，所以，玩计算机游戏对青少年认知技能的长期影响以及是否有年龄差别还需要进行更多的追踪研究。此外，玩计算机游戏是否对人的操作智商有影响也需要进一步研究。

2. 网络游戏 MUD（多用户虚拟空间游戏）影响未成年人的认知技能发展

青少年常玩的网络游戏 MUD，可能会使未成年人难以区分现实生活与虚拟生活，即影响青少年的现实知觉。一位 13 岁的孩子说：“在 SimLife

游戏中，你得改变植物和动物的种类，你得保持生态平衡，你是很重要的一部分。”另外，特尔克发现有些儿童甚至青少年都很难理解现实生活与虚拟生活的界限。例如，一名10岁的孩子认为在“SimLife”中的一些生物是“活在游戏中的”，如果你关掉路由器，他们就走了，但如果路由器还在，那些生物就会从你的计算机跑掉去“美国在线”。一名15岁的孩子还说，游戏就是“你可以得到那些活在计算机里的东西”，就好像“我们从太阳获得能量，计算机里的有机体从墙里的光缆中获得能量”。

还有目前在未成年人中流行的养“虚拟宠物”，实际上也是一种互动的网络游戏，宠物需要“主人”细心的照料，要经常给它喂食、洗澡、陪它玩，送它上学、旅游，给它看病，不要让它“死掉”。养宠物也需要特定的认知技能，例如，孩子们需要掌握屏幕上代表不同意义和功能的图像符号，以促进计算机世界的认知社会化。宠物发出的声音使儿童对相应的信号做出社会化的反应，就好像成人对手机、邮件做出的反应一样。而且和电子游戏不同的是，儿童常常认为宠物是“真的”，这是因为宠物需要主人不断地注意才能生存，遭到忽视就会“死去”，所以儿童无论到哪儿都必须坚持玩这个游戏。因此有些父母用虚拟宠物来训练孩子怎样照顾真的动物。关于养宠物对青少年的心理影响还需要进一步的系统研究。

3. 网络使用影响未成年人的概念发展

互联网不仅是一种工具，同时也是一个需要认识的新事物，它仅仅在人类生活中出现了几十年而已，而传统的概念，如重量等，已经有十分久远的历史了。互联网作为一个同时具有技术性质和社会性质的复杂的综合体，它具有人工合成制造、社会性、类似心理系统三种特性。未成年人是如何理解互联网这一新出现的而且高度复杂的特殊概念的，也引起了心理学家的兴趣。

卢克因、李尔姆、罗伊德2001年通过让儿童画画来描述他们对互联网的理解，发现21名9岁的儿童在有过一年的互联网使用经历之后他们对此的理解并没有提高。德汉姆比较了285名9~10岁、10~11岁、11~12岁三个年龄组的儿童对计算机理解的心理模型，发现年长儿童倾向于把计算机理解为一种由许多部分通过多种途径连接起来的系统，而年幼儿童倾向于将其理解为一种没有多少连接和多少部分的系统。

（二）网络使用影响未成年人的自尊发展

互联网提供给人们宽松自由的发展空间，在这里，使用者可以通过开展相应的互动交流，或者发挥自己某方面的能力来获取自尊感，其实质是利用互联网环境中虚拟的特点来获得社会支持，这种支持剥离了使用者现实的相貌、身份及社会地位。因此，比起传统的交流方式，以计算机为媒介的人际互动方式使人减少了现实中的压力，容易以开放的态度与别人交往。低自尊的人在现实交往中因缺乏社会支持或欠缺成功经验，交往活动往往受到自我压制。而互联网恰好给低自尊的人提供了解决这一问题的途径，他们在自我保护的状态下和他人交流，这样就可以免受伤害。现有的研究已经表明互联网使用与个体的自尊存在关系，只是这种关系还在进一步的探索之中。有研究认为互联网环境不利于自尊较低的使用者。理由是互联网为适应困难的人提供了一种逃避现实的方式，所以低自尊的使用者在使用过程中会出现更多的问题。另一研究也发现，自尊和网上浏览或其他非交流活动的时间呈负相关。还有研究认为互联网使用会导致社会互动的减少，会对使用者的自我价值产生负面影响。而最近的研究证明，互联网的使用对青少年自尊不产生影响。青少年较高水平的自尊有助于他们更好地调整自己的行为与心境，减少面对困难、挫折时的躯体化倾向、神经症性及精神病性反应等；反之，较低的自尊可能影响个体对环境的适应性。研究发现热衷于玩电子游戏的女性使用者自尊水平相对较低。还有研究者认为互联网的使用维持和提高了使用者的社会支持发展和自尊水平。

个体从现实中是否获得社会支持，可能影响其自尊水平的高低，这种影响表现在互联网使用中究竟会产生什么样的效应，关于这一问题的探讨还未达成一致结果。但研究者普遍认为个体的自尊水平和互联网使用行为的关系不容忽视，它或许是影响互联网使用的一个重要因素。

（三）网络使用影响未成年人的人格发展

汉姆博格和本阿齐兹2000年最先证明互联网的使用与使用者人格特征

之间存在着一定联系。在他们开展的一项使用不同互联网服务功能与人格特质关系的研究中，他们以 72 名以色列人为被试，采用包括 12 种不同服务功能的互联网服务问卷，通过因素分析将互联网服务功能分为三个因子：社会服务，包括参加聊天和进入讨论组；信息服务，包括搜寻工作或学习；信息娱乐服务，包括无目的漫游或光顾成人网站。他们发现人格特征与互联网使用呈显著相关，且显示出明显的性别差异：对于男性使用者，外向型的人倾向于使用娱乐服务，而内向的人更不善于使用信息服务；对于女性使用者，内向型的人明显的倾向于社会服务，而越外向型的人越不容易使用社会服务。他们由此认为互联网使用者的人格是决定其网上使用行为的一个很重要的因素。

三、网络成瘾对未成年人身心发展的影响

（一）网络成瘾影响未成年人的元认知

李宁、梁宁建从认知—行为出发，分析了网络行为元认知的特点，从元认知的角度揭示了网络过度使用行为的心理机制。在他们的研究中，为确保内容效度和表面效度，查阅了大量文献，并根据专家评审意见，从网络行为的元认知知识、元认知体验和元认知技能三方面编制了包括 30 个项目的网络行为元认知量表。其中，元认知知识包括网络的知识及知识来源、行为主体的网络行为习惯、控制网络行为的策略性知识；元认知体验包括对网络的迷恋、网络行为的情绪体验；元认知技能包括制订上网计划、自我监控及戒断行为。[1]

通过探索性因素分析，网络行为的元认知量表可以得到七个因子，分别命名为：目的与计划性、执行性、对外部舆论氛围的认识、自我监控、知识来源与情感体验、时间控制、戒断行为与适应性。他们的研究表明学生网络行为的元认知水平包含有七个因素，并且其总水平与网络成瘾有显

① 李宁，梁宁建. 大学生网络行为的元认知研究［J］. 心理科学，2004，27（6）：4.

著的相关。

（二）网络成瘾影响未成年人的孤独感

孤独感和社交因素有一定相关，也影响着社会交往方式。当社交质量下降，原有的人际关系网受损或社交技能不足时，就会产生孤独感。孤独感的产生与孤独素质有关，社交缺陷是产生孤独感的重要因素之一。有学者指出，具有孤独感、缺乏社会支持、爱与归属感不被满足者，容易在网络上寻求情感的寄托。

克拉特研究网络对个人社交和心理素质的影响，发现上网越多，和家人沟通便越少、社交圈子越小、抑郁和孤独感的发生亦越多。埃里克的研究表明，低水平的社会孤独和情感孤独与高水平的社会交往显著相关。高水平的互联网使用与低水平的社会孤独和高水平的情感孤独显著相关。所谓情感孤独是指由于缺少亲密的人际关系而产生的空虚、不安的感觉。社会孤独是指由于缺少可交流的伙伴和所归属的团体而产生的厌倦和边缘感。

网络过度使用者由于过度依赖网络上的虚拟友谊，而对日常生活中的社交活动造成排挤，对人际关系的质量造成负面影响。网络过度使用虽然扩大了虚拟的社交圈，却缩减了真实世界的社交活动。所扩大的虚拟社交圈属于人际弱联结，所削弱的真实世界的友谊却是属于人际强联结。人际弱联结关系较为肤浅，主要是信息的提供以及社会资源的连续，无法像人际强联结一样提供强而有力的社会支持，也无法在需要时实时提供帮助。因此，网络过度使用者在真实世界的社交退缩，造成的社交疏远可能是导致孤独感的原因。由于虚拟社交中这种肤浅的联系，使得有孤独感的人所需要的归属感无法得到满足，越发感到孤独。麦克纳的研究表明，孤独感高的人更可能在网络中与他人建立联系，但这并不会增加其孤独感。

（三）网络成瘾影响未成年人的社会化

社交焦虑不仅使人们在社交活动中产生主观紧张，其社会交往方式也会受到冲击。此时不但会出现内在警觉性增高的情况，还会不愿见人，并中断当时的行为。因此焦虑会妨碍人的社交活动，并使之社交主动性下降。虽然在现实社会中交往主动性下降，但是人际交往的需要和动机并不一定消失。人际交往需要有可能是导致网络过度使用的一种动机。

在网上交流时，不存在面对面交流时可能有的尴尬，这种独特的交流方式可以给人一种“传统方式”难以提供的亲密感，因此，其精神交流在深度上往往超过了“面谈”方式，可以使从未谋面的陌生人很快就成为知己。即使在日常生活中显得非常内向的人，在网上也可能是性格外向、高谈阔论。

麦克纳的研究表明，社交焦虑和网络虚拟关系成正相关。那些存在社交焦虑的人更愿意在网络中寻找朋友，因为这样可以避免在现实生活中与人面对面交流时出现的焦虑等不良情绪。

（四）网络成瘾影响未成年人的人格特征

纵然网络具有以上特征，但并不是每个上网的人都会过度使用网络。因此，“网络过度使用行为显然与一定的人格特征相联系”[①]。

李秀敏经过对280名学生的网络成瘾情况和他们的个性特征及心理健康水平的研究发现，网络成瘾者与非网络成瘾者在人格特质、心理健康水平上存在显著的差异。[②] 李望舒的研究也发现不良人格特质的学生容易上网成瘾。网络成瘾者的心理健康因子明显低于非成瘾者。[③]

张宏如的研究中对网络成瘾学生与总体学生的人格特征进行了比较。研究发现，网络成瘾学生在有恒性、宜人性、公正性和智力开放性上与总体学生存在极其显著的差异，在自律性、情绪性、新环境成长能力方面存在显著性差异。[④]

---

① 王凡. 青少年网络人格研究［M］. 北京：九州出版社，2018：102.

② 李秀敏. 网络成瘾大学生的个性特征研究［J］. 天津师范大学学报：社会科学版，2004（6）：4.

③ 李望舒. 网络人格的异常心理与矫正评析［J］. 中医药学刊，2004，22（10）：3.

④ 张宏如. 大学生网络游戏成瘾的心理学分析［J］. 中国青年研究，2007（12）：80-83.

已有的研究显示，网络过度使用者往往具有如下的人格特征：第一，性格内向，喜欢独处，不喜欢参加社会性的活动。第二，那些低自尊、自我形象不佳、具有很高的人际敏感性和警惕性的个体更容易成为网络成瘾者。对于这样的个体来说，当他们在现实生活中与他人进行面对面的接触时，由于其不佳的自我形象和较高的人际敏感性，往往会体验到巨大的来自他人的威胁，如害怕他人对自己产生不好的评价等。而上述网络的匿名的互动方式，则允许其不受约束地与他人进行交谈，并使其更容易与他人建立新的关系。第三，匿名的网上交流方式也吸引着那些喜欢标新立异、不喜欢遵守社会规范的人到网上来自由地发表其见解，如发泄愤怒、发表激进的意识形态观点、露骨的性言论、粗鲁的评论和人身攻击等。而在现实生活中，他们往往不便于表达这些观点，且很难找到听众分享他们的这些观点。

自尊作为一项重要的人格特征，也引起了研究者的兴趣。低自尊个体倾向于在网络上寻求他人的认可以及自我肯定。他们可能通过网络游戏中的不断得分，角色扮演游戏中和网友并肩作战得到网友的肯定，发表在讨论区的信息获得网友的响应或热烈讨论，以及在虚拟社区中担任重要的角色等方式，寻求自尊的提升。某些网上活动，尤其是互联网游戏可能会给具有较好的计算机技巧的人赢得尊重与地位，另外这些技巧与精通虚拟空间的能力给人以力量感。但是过度沉迷于网络，会使得现实生活中的工作表现、学业成绩、人际关系都因此而造成负面影响，反而降低了自尊感及自我效能感。

阿姆斯特朗的研究表明低自尊者有网络成瘾倾向，且自尊量表得分可以预测网络成瘾。研究推测，网络成瘾可能是因为社交技能差，自信心低落，从而利用网络作为逃避的手段。

国内学者对网络过度使用与自尊的关系也进行了研究。

苏娟娟、连榕在网络对未成年人自尊和自我和谐的影响研究中，用自尊量表和自我和谐量表对 345 名中学生的自尊及自我和谐与不同上网次数的学生之间的心理关系进行了测量。结果发现，从不上网、偶尔上网和经常上网的三类学生在自尊和自我和谐都不存在显著差异。因此，他们认为，网络并不影响学生的自我和谐和自尊发展。①

李靖、赵郁金在“上网爱好程度、人际信任与自尊的关系研究”中发现，自尊水平在不同上网爱好程度的学生中均表现为稳定的正相关。②

薛云珍、卢莉在网络成瘾的形成、表现及机制的探讨中指出，研究发现，网络成瘾者多半伴随着低自尊的问题。③

关于网络过度使用与自尊的关系，以上的几项研究结果并不一致。自尊与网络过度使用的关系是怎样的呢？网络过度使用青少年与普通青少年的自尊存在差别吗？还有待于进一步研究。

（五）网络成瘾影响未成年人的心理健康

在研究中发现，网络成瘾者的抑郁量表得分与非网络成瘾者存在差异，而且当网络成瘾者存在抑郁心境时更容易通过上网来缓解不良情绪。中度至重度的抑郁水平与网络成瘾存在相关。此外，一些与抑郁相关的人格特征，如低自尊、缺乏动机、寻求外界认可、害怕被拒绝等可能是促成网络成瘾发生的原因。抑郁是显著而持久的情绪低落。抑郁的概念相当广泛，并且和许多因素有关，包括孤独感、恐惧感、悲伤、低自尊、无助感、负向认知等。在互联网中缺乏面对面沟通的交流，可以让抑郁水平高的使用者借助匿名或虚构角色的方式和他人进行交谈，这样可以有效克服他们在日常生活中和他人交往时的困难，减少负向事件，并且避免触发抑郁感。抑郁者可能在真实生活的社交活动中常有失败感，再加上在网络中交友所形成的成功经验，使得抑郁者对虚拟的友谊更加依赖，同时也在真实世界的社交中逐渐退缩，而形成更严重的抑郁。

---

① 苏娟娟，连榕．正视网络对学生人格成长的影响［J］．班主任，2004（6）：2．

② 赵郁金，李靖．上网爱好程度，人际信任与自尊的关系研究［J］．中国临床心理学杂志，2002（003）：010．

③ 薛云珍，卢莉．网络成瘾的形成、表现及机制的探讨［J］．医学与哲学，2003，24（008）：60-62．

李秀敏的研究显示，网络成瘾者与非网络成瘾者在心理健康水平上存在显著的差异。网络成瘾往往与心理问题密切相关，如抑郁、冲动控制障碍、低自尊等，一部分网络成瘾者之前也有过赌博成瘾、酒精成瘾的历史。①

① 李秀敏．网络成瘾大学生的个性特征研究［J］．天津师范大学学报：社会科学版，2004（6）：4.

第四章

大众文化与未成年人健康人格的构建

大众文化产生在经济发达的工业社会，以城市大众为消费对象，并通过大众传媒模式化的、按照市场规律批量生产的文化产品。近年来，在我国青少年中涌现的偶像热、动漫热、电游热等现象，无不带有明显的大众文化表征，它们对未成年人成长产生强大的渗透力和影响力。青少年偏爱流行文化，反映了他们的生活方式、休闲娱乐、审美情趣的需求倾向，面对青少年种种的时尚潮流，我们是倾听还是漠视，是宽容还是苛责，是静观还是互动，这是必须理性思考的问题。中国社会生活的急速变化，给未成年人的思想道德教育提出了一系列的新课题。我们也要以与时俱进的态度探索未成年人思想道德教育的新方法、新路子，并在原有的思想道德教育内容中注入“时代新元素”。健康人格是个体组织好内部心理因素并且协调好外在关系的最佳人格，是健全统一的心理人格，也是善美相谐的道德人格。正视大众文化对青少年的影响，引导未成年人全面、客观地认识和对待大众文化，是研究的一个新领域，具有重要的文化价值和社会意义。在这样的背景下，对大众文化与未成年人健康人格的构建的研究具有非常重要的意义与价值。

第一节 大众文化的内涵与功能

一、大众文化的内涵

“大众文化”，英文是“mass culture”和“popular culture”，早期的大众文化“mass culture”，这个术语的流行是在20世纪30年代至50年代的文化批判思潮之中，前后不超过30年，用以指商业利益驱动的文化产品，特别是大众传播产业的典型产品，像电影、广播、电视、音像产品、广告和流行出版物之类。今天我们所说的大众文化，一般是指“popular culture”。

何谓大众文化？大众文化是一种独立于“他类”文化的具有自身质的规定性的文化形态。在西方，法兰克福学派的本雅明、霍克海默、阿多诺等理论家曾定义过大众文化，英国伯明翰学派的霍加特、威廉姆斯、霍尔、汤普森是当代大众文化研究的奠基人，英美理论家杰姆逊、费斯克以及法国学者布迪厄、鲍德里亚等，也对大众文化提出了不少观点。斯托雷在《文化理论与大众文化导论》中，就列出了大众文化的六种不同定义。第一，大众文化是为许多人所广泛喜欢的文化。这个定义强调受众在数量上的绝对优势。第二，大众文化是在确定了高雅文化之后所剩余的文化。这里注重它与高雅文化的明显区别。第三，大众文化是具有商业文化色彩的、以缺乏辨别力的消费者大众为对象的群众文化。这是从批判和否定意义上理解大众文化。第四，大众文化是人民为人民的文化。第五，大众文化是社会中从属群体的抵抗力与统治群体的整合力之间相互斗争的场所。第六，大众文化是后现代意义上消融了高雅文化和大众文化之间界限的文化，突出了大众文化与高雅文化的融会或互渗趋势。著名的法兰克福学派对大众文化的定义是资产阶级的国家意识形态，一种以标准化、陈腐老套、保守、虚伪、满足浮华幻想的、受操纵的文化工业产品。这种文化致力于劳动阶级的非政治化，维护社会的统治权威，制造大众的虚假的需求，是欺骗群众的统治工具。英国的威廉姆斯则把“不能登大雅之堂的文化”和“广受欢迎或者众人喜好的文化”定义为大众文化。也有人受葛兰西的文化霸权或文化领导权的理论的影响，把大众文化定义为“社会统治集团通过精神和道德领导的手段赢得被统治群体赞同而形成和产生的文化”。这种定义中的“大众文化”是统治阶级和人民两者之间斗争的场所，是以反抗与兼并为标志的。英国的费斯克另有高见，他认为大众文化是来自于人民的文化，是人民群众积极创造的他们所需要的一种民间文化。他肯定了大众文化的启蒙性和独创性，认为大众文化中聚合催化着一种积极能动的自主性的力量。

我国学者对大众文化也有自己的见解，如陈刚在《大众文化与当代乌托邦》中这样描述大众文化：大众文化是在工业社会中产生，以都市大众为其消费对象，通过大众传播媒介传播的无深度的、模式化的、易复制的、按照市场规律批量生产的文化产品。[①] 而金元浦则认为大众文化是一个特定的范畴，它主要是指兴起于当代都市的，与当代大工业密切相关的，以全球化的现代传媒特别是电子传媒为介质大批量生产的当代文化形态，是处于消费时代或问候语消费时代的，由消费意识形态来筹划、引导大众的，采取时尚化运作方式的当代文化消费形态。[②] 王一川的观点是：大众文化是以大众传播媒介、机械媒介和电子媒介为手段、按商品市场规律去运作的、旨在使大量普通市民获得感性愉悦的日常文化形态。[③]

除以上种种界定之外，还有人把大众文化定义为城市工业文化、通俗文化、商业消费文化、标准文化或剩余文化等。

另外，还可以从哲学认识论、价值论、心理学、审美论、功能论、生产和消费及内在构成诸维度去审视大众文化。

---

① 陈刚．大众文化与当代乌托邦［M］．北京：作家出版社，1996：42.

② 金元浦．重新审视大众文化［J］．当代作家评论，2001（01）：84.

③ 王一川．当代大众文化与中国大众文化学［J］．艺术广角，2001（2）：7.

从价值论角度看，大众文化是对一元化政治社会的传统伦理社会进行反拨的娱乐性文化，它是一个文化商业化过程。

从心理学角度看，大众文化是大众社会进行自我抚慰的文化形态，是感性的、欲望化的文化。它紧贴人的欲求，各种通俗文化符号和媒介形象日益支配着人们的现实感受，它总是在牵动人们内心深处的某种欲求。

从传播学的角度看，大众文化是借助高科技、现代大众传媒而对受众实施持续影响的技术性文化。

从审美角度看，大众文化是一种形式压制内容的文化，是一种高度形式化的仿像文化或是影像文化。

从功能角度看，大众文化是依靠市场追求利润的最大文化。它实际上是一种大众消费经济。经济包括文化经济可以不断刺激人的欲求，寻找潜在市场，不断地刺激经济的增长。

从生产消费的角度看，大众文化的生产与工业生产方式相似，市场和经济效益是大众文化的原动力。

因此，可以这样理解大众文化，那就是：大众文化是一种以文化产业为特征，以现代科技传媒为手段，以市场经济为导向，以市民大众为对象的社会型、大众化的文化形态。它具有商业性和产业性，具有强烈的实用功利价值和娱乐消遣功能，具有批量复制和拷贝的创作生活方式，具有主体参与、感官刺激、精神快餐和文化消费都市化、市民化、泛社会化的审美追求。它是反映现代工业社会和市场经济条件下大众日常生活、适应大众文化品位、为大众所接受和参与的意义的生产和流通的精神创造性活动及其成果。

中国的大众文化是深深地打上了中国特色烙印的大众文化。当代大众文化固然是现代工业和市场经济充分发展的结果，但是除却其现代商业化的外衣，我们还是可以从中寻觅到大众文化与传统的民间文化、民俗文化，以及五四运动时期的“平民文学”、20 世纪 20 年代兴起的“大众文艺”等之间千丝万缕的联系，更是当代中国文化发展和建设不同于西方的独特任务使然，这一任务就是文化要面向人民群众，以满足人民不断增长的精神文化需要，正是这一任务把这些看似无关的文化方式联系在了一起。现代大众传播的受众范围大且不固定，包括“所有介入了大众交流过程并接受大众传播的对象”①。

当代中国大众文化的发展，首先源于改革开放后中国与世界全方位的接触，在引进西方先进的科学技术和设备进行经济建设的同时，带入了新的文化气息，文化领域内出现了文学、艺术商品化倾向。这就造成了作为大众文化存在和发展根据的文化工业的兴盛，而我们在引进技术、设备等文化隐性载体时，它们就会不自觉地传递出各种暗含的文化信息。

其次，大众文化在中国的发展随着社会主义市场经济体制在各个领域里逐步确立，使本来局限于物质生产、流通和消费领域的各种法则，开始逐步被移用到精神文化领域。文化事业单位由国家包办，到“以文补文”，再到企业化文化产业从无到有，渐成规模，至今已作为国民经济新的增长点予以培育和发展。以广东为例，它之所以能成为中国大众文化的重镇，就是因为它是中国社会主义市场经济发展最早，机制也比较健全的地区。不仅音乐茶座始于广东，歌舞厅、卡拉 OK、电子游戏等大众文化形式无一不源于广东，广东还拥有全国最多的音像制作公司，以及最完善的歌手签约制等保证文化产业的制度和商业法则，使其在生产流通大量的唱片、录音录像的同时，涌现了大量的歌手。可见，当代中国的大众文化是以新时期的改革开放为契机，以社会主义市场经济为基础，内外因素共同作用的结果，具有后发性的特点。

同时，由于当代中国的大众文化在中国的发展还处于起步阶段，故这种特色目前还不是很明显，有些因大量吸收西方因素而被掩盖起来，有些是在西方话语霸权下遭到压抑或扭曲。在日益密切的世界交往中，国外大众文化产品对我国的影响在相当长时间内还是非常大的，借鉴、学习国外的幼稚阶段尚未完全结束，在这种情况下，中国的大众文化缺乏自己鲜明的民族特色是可以理解的，这是新事物发展初期必然会经历的过程。

① 王爱民. 大众文化与中学生健康人格建构［D］. 华中师范大学，2007.

二、大众文化的特征

大众文化产生于工业革命以来生产方式和交换方式变革所带来的文化与经济一体化的结合过程。突破时空的大众传媒的兴起，为大众文化发展提供了必要的技术支撑和手段。文化教育的普及，使得高经济积累转化成高文化积累，又为大众文化提供了接受文化产品必需的选择能力和条件。大众文化不再停留在民间通俗文化所表达的自发的精神愉悦，而是以商品化、技术化的文化生产方式，为大众的精神需求和娱乐提供情感的满足和意义的享用。大众文化在这样的背景下诞生与发展，显然是一种具有自身特殊规定性的文化类型，它作为文化自然具有自己的基本特征。

（一）商品性

在阿多诺、马尔库塞对大众文化特征的系统分析中，大众文化与商品经济融为一体，“商品化”也是他们所归纳的现代大众文化的第一个特征。随着市场经济作为一种潮流席卷整个世界，商品成为一种普照的光投射到各个角落。文化产品自然地成为一种商品出现在人们面前，文化产品和物质产品一样，从生产到接受都纳入商品生产的轨道，被纳入市场交换的轨道，文化产品的生产和消费为价值规律所统摄，以商品的属性替代文化的属性。阿多诺坚持认为，“文化工业的产品”不是艺术品，从一开始它们就是作为在市场上销售的商品而生产出来的。坚持“文化工业的典型文化本质不仅仅是商品，它简直就是彻头彻尾的商品”。马尔库塞也直言不讳地指出“资产阶级艺术的作品都是商品，它们也许就是为了拿到市场上去而被当作商品创作出来的。”西方学者詹姆逊明确地肯定了大众文化所具有的商品化性质和经济性质，他指出：“的确，大众文化产品和消费本身——与全球化和新的信息技术同步——像晚期资本主义的其他生产领域一样具有深刻的经济意义，并且完全与当今普遍的商品体系连成一体。”大众文化的商品性，也就是服从于经济上的迫切需要，致使对大众文化的消费自然成为一种商品性的消费。

大众的口味主导着文化市场的发展，大众文化无不充满着商业化的内容。不论是文化产品还是文化活动、文化设施在进入大众消费之前都要经过商业化的包装、宣传、广告，以扩大这些大众文化产品内容的诱惑力。这些文化产品，与是否迎合大众当下的感性刺激与追求密切相关，商品的拜物精神渗透到大众文化的生产、流通、消费的整个过程之中。正因为如此，西方著名社会学家洛文塔尔称大众文化“是一种取悦消费者的商品”。大众文化的商品属性，必须纳入满足消费者的这种心理、精神的双向交流和影响的过程之中。

（二）娱乐性

大众文化作为一种中性文化，竭力迎合大众，一般不追求精神的超越性，因而以轻松、快乐、狂欢的姿态赢得各个阶层大众的欢愉。它的约束来自市场规律的支配，因此，它没有一贯的立场，随时迎合大众的口味，并随着市场情况的变化随时来调节自己的文化立场，而能够迎合大众口味的，唯有欢乐。所以它们在文化策略上做出迎合的态度对正统的意识形态进行消解，对正统的历史进行戏说，将人生诠释成一种随遇而安的状况。他们追求“糊涂的爱”，追求“游戏人间”，追求“玩的就是心跳”，追求“快活如神仙”的生活。大众文化的发展，为社会大众的消遣娱乐提供了广泛的途径和广阔的空间。网络的普及为大众提供了最主要的消遣娱乐方式，视听设备的不断改进，造就了一批崇拜技术的“发烧友”，追星狂潮，产生了一批又一批各种各样的“粉丝”，电子游戏把大批未成年人卷入其中……过去不曾有过的不曾想到的东西及人们对它们的欲望，也被大大的激发出来。

在市场化进程中，有些传统的艺术理想和信念不断地被解构，一味顺应市场造成了某些精神可悲的丧失，这种丧失最容易发生在大众文化领域，尤其是与大众文化最切近的文化形式电影、电视和歌曲之中。在这些文化领域，一种美学的个人主义流行了，个体掩盖群体，甚至淹没人民，艺术甚至变成了平庸和无聊的游戏。这种个人主义在美学上迅速表现为即时地狂欢，躯体力量地展示，以及被压抑的绝望、虚无地抒发。与此同时，时尚的个人主义演变为一种新的生活方式的追求，成为一种轻松快乐的、摆脱了与历史和群体联系的、不涉及伦理理性的、最大限度地与欲望相契合的生活方式。自由也可以变成休闲，历史早已被市场阻拦在外面，轻松与快乐本身成为市场所承诺的内容，于是便成为一种娱乐。

（三）平民性

和主流文化、精英文化相比，大众文化无疑更具有平民性。主流文化是作为社会的统治思想的文化，当代中国的主流文化是中国共产党领导的社会主义文化，它追求永恒的价值而不是短暂的愉悦，是社会文化理想和人文精神的重要载体。而大众文化体现了百姓的文化追求，是现代生活中普通百姓的一种文化需要和认同，是普通人的文化实践形式，它的平民性与生俱来。大众文化只有坚持这种平民性品格，它才能将自己的价值理想借助现代传媒予以迅速推广，才能有更多的消费者，从而实现其商业价值。

大众文化的平民性主要表现在它承认大众的需要并予以最大限度的满足；它拓展了大众的心理空间，创造出新的心理需求；它尊重大众的私人领域，凸显了世俗生活；它给予大众充分参与文化活动的机会和自由选择的权利。这一切都隐含着它对大众的主体性的尊重。正是这种平民性，使大众文化在现代人格的建构中发挥着积极的作用。平民人格的形成，源自一种尊重每个人的主体性的文化。“观众是上帝”“顾客是上帝”，这些口号也许许多人嗤之以鼻，认为是一种掩人耳目的形式。但许多平民百姓在这些口号中感受到了主体的价值，唤醒了主体意识。在大众文化产生以前，一个老百姓也许一辈子都不能去听一场音乐会，也许一辈子都没有机会在有伴奏的情况下演唱，而现在只要他愿意，他可以每晚在家收看或收听丰富多彩的音乐节目，他可以在卡拉 OK 厅大展歌喉。大众文化为他提供了许多满足需要的途径。各种文化资源因为大众传媒而为平民所共享，这是一种比以前更好的生活方式。

在西方文艺复兴时代，这种平民化的“世俗性”曾经是人文思想的基本内涵之一，当年为表现世俗人生塑造的诸多艺术形象，今天早已成为世界文学史和艺术史上的不朽经典。不过西方文艺复兴所表现的“平民性”

和“世俗性”，主要是作为宗教“神性”的对立物被张扬、鼓吹的，而今天中国的大众文化的“平民性”，显示的则是社会变革中芸芸众生的生活轨迹，是普通老百姓对世俗人生的热爱和执着，是人生中最质朴、最真实的现实。从这种意义上说，以这种“平民性”的张扬与表现为特色的大众文化，所显示的其实是一种新的审美模式和人文精神，更预示着后现代意义上的文化的多样和多元。

中国社会的巨大变革给生存于这个时代的平民百姓的日常生活，赋予了新的文化内涵，它们远远超出这一社会阶层的生存方式本身固有的意义。平民百姓的日常生活从来只是个体经验的喜怒哀乐，仅仅与小日子相关的柴米油盐，属于私人生活的饮食男女，近乎“无事生非”的家长里短，都因为中国社会的深刻变革而有了新的内涵。社会巨大变革所带来的种种冲突，不仅推动了政治经济领域的变化，而且也直接或间接地成为平民百姓日常生活各种矛盾发生的深层原因。从这个意义上说，小人物的小日子已不再是碌碌无为、琐碎庸常的同义语。作为最庞大的社会群体，平民百姓的日常生活实质上构成了一个国家、一个社会运转的底座，这使那些与普通百姓生存相关的、琐琐碎碎的生活变化，成了中国历史变革最深刻也是最有说服力的见证和标志。当年，霍克海默为了揭示“文化工业”愚昧大众的实质，曾提醒人们不要轻视这种似乎仅仅只有娱乐、消遣意义的文化，他曾说：“必须搞清楚；口香糖并不消灭形而上学，而就是形而上学。”在这里，我们不妨套用这句名言来说明当今中国平民百姓日常生活的性质和意义——“必须搞清楚平凡的世俗生活并不消灭形而上学，而就是形而上学”。只是其中的“形而上学”意味，与霍克海默的理解有着根本的不同。

（四）新颖性

大众文化是一种技术性很强的文化，对形式方面的创新十分重视，它以现代科技的发展为其技术基础，技术的革新必将导致新的艺术形态的出现，事实上，大众文化的发展几乎是和技术文明相辅相成的。人类进入工业社会之后，技术的进步促使新的艺术存在形态的产生。比如电影艺术，就是光、电技术进步的结果，电影艺术产生以来，从无声到有声，从单色到彩色，无不是技术进步的结果。就电影来说，电影技术的进步可以使影像呈现各种各样的独特形象，电脑特技，电影组接技术可以使前电影时期人工拍摄难以完成的影像都得以完成。如好莱坞诸多卡通电影，高科技电影和科幻电影制造的强视觉冲击给我们的启示便是现代电影艺术可以在摄影棚里制造出各种各样的技术神话。电视的发展产生了电视剧、电视艺术片等新形态，电视艺术和音乐结合产生了新的艺术形态，电视艺术与文学结合形成了新的以图像图解文学的艺术形态。电脑的产生又出现了电脑绘画等新的艺术形态，电脑绘画打破了传统艺术的表现手段，使得许多画笔难以表达的东西被表现出来，比如三维动画等，它们都以卓异于传统艺术的表现手段、表现方法、新奇独立的艺术效果让人工绘画望尘莫及，谁也不能否认其新颖独特的艺术效果和成就。

三、大众文化的功能与效应

（一）大众文化的人文审美功能

詹姆逊曾经指出，在德国古典美学家如康德、席勒、黑格尔的心灵中，美学及审美经验是拒绝商品化的，美是纯粹的、没有任何商品形式的领域，他据此批评大众文化。诚然，传统美学给了我们一个人文性的高标，然而，传统美学由于确立了一个纯粹的、诗意的、权威的世界而使人望而生畏，由于和普通民众的世俗生活有相当的距离而远离民众，所以可能只成为部分知识分子精英形而上的游戏场，在一个世俗性成为流行时尚的社会转折期，美学期望自己以可能的方式建设一个引导人生存的根本权威的生活世界，在对当代人生存活动的批判性诠释中，强化自身制衡或抗拒现实的力量和提升人的精神境界的功能指向。这就要求有一种新的美学标准、价值立场和话语方式来解释大众文化这种文化现象，我们应该从传统的乌托邦式对理想的一极倾斜中寻找现实与理想的最佳张力，只有这样，才能从大众文化对现实的认同，或者艺术与现实的统一中找出其合理的根据，才能给大众文化一个合理的理解，才能剔出大众文化中含有的另类的人文性，这就是对世俗的人文关怀，对大众的世俗关怀。

大众文化雅俗兼备，大众文化的现代性有助于实现美育的现代化，大众文化还是当代美育的重要践行对象，对之进行的审丑或审美都有助于实施美育的最终目的——造就全面和谐发展的新人。因此，大众文化在当代美育中的价值和功能不可忽略。大众文化借助于新的传媒手段向人们呈现不同于传统的、习惯的感知方式和世界图景，在一定程度上丰富了人们的感觉世界，同时在一定意义上也满足了现代人全面视觉潜能，全面占有现实世界的意愿。更重要的是，声音和图像能同时对人的生理和心理产生强烈的作用。这些无疑都缩小了审美主体和审美客体之间的心理距离，从感性上唤起人们强烈的审美需要，原先与文化疏离的人们接近了文化，本来对文化陌生的人们了解了文化，进入到精神生活之中，使得审美成为可能，从而搭建了通向美育的桥梁。

大众文化以特有的温情、抚慰感、新鲜、刺激等特征迎合了技术时代普遍感到心理紧张、内在焦虑的人们的心理需求，从而最终形成人们的审美动机。审美心理研究表明，审美需要的动机作为一种情感意向，是激活经验的主要因素。因此，主体对对象审美动机的自觉形成，是实现美育有效性的重要途径，而大众文化在激发主体的审美动机上具有毋庸置疑的优势。

某些大众文化具有寓教于乐的功能，在一定程度上协调了现代社会中人与机械的平衡，让人们在其中获得一定的自由。本雅明以电影为例说明了这一点，“电影致力于培养人们那种以熟悉机械为条件的新的统觉和反应，这种机械在人们生活中所起的作用与日俱增。使我们时代非凡的技术器械成为人类神经把握的对象——电影，就有为这个历史使命的服务中获得了真正含义”。电影这一游戏帮助人们熟悉现实中的机械化，使技术艺术化，使人们在机械面前保持人性。从而表现出一定的平民意识和审美趣味，让人们可以在这一文化形态中凭着本人的心理需要和兴趣爱好自觉自愿地渴求美、向往美，最终获得精神上的自由。

大众文化具有的直观性、平民性、亲和性，能够有效地打开当代审美知性思维遮蔽，恢复审美的感性思维。它的娱乐性能唤起现代社会中人们被压抑的童心和天真，弥合由日常生活所导致的种种分裂和矛盾，同时它的现代性能帮助被大众文化中舒适温情的慵倦感所环绕的和被直觉感观刺激所麻痹的人们辨别美与丑，分清良和莠，培养他们的独立精神，克服过度物欲化的价值观，从充满实用功利的日常生活中超脱出来，从而反观自身的潜力，提炼人生更多的乐趣与美的意义，在不断的创造中实现自己的价值。

大众文化的世俗关怀关注了庸常人生，关注了庸常生活，关注精英知识分子不屑关注的生活，让生活得以全面的展现，从而形成文化上的互渗互补，这使得一部分庸常人生能得以展现，对这部分人而言，这是一次人文性的救赎。其次，大众文化建构了大众自己的文化，建构了大众自己的平等氛围，让大众从精英的俯瞰式的启蒙中获得人的尊严，这也是一种人文性。此外，大众文化在内容上，也有各种各样的人文性的闪光点可供挖掘。

正因为如此，大众文化建设要注意挖掘大众文化中蕴含的人文性，同时要尽力提升大众文化产品的人文性因素。大众文化的建设进一步明确大众文化的人文指向性，借助其关注庸常人生、庸常生活的特点以及其让群众喜闻乐见的艺术形式，把一种对普通大众的人文关怀传递给大众，让大众接受、理解，从而丰富大众的生活，提升大众的艺术和人文修养。

（二）大众文化的娱乐功能

大众文化是人类生活节奏加快，生活压力增大的现代社会的产物，它突出娱乐功能是社会获得进一步发展的必然要求。从文化的发展历史来看，文化与生活方式之间的关系日益密切，它不仅存在于艺术之中，而且存在于日常行为中。大众文化作为一种世俗化的文化，更与人们的日常生活密不可分。过去，人们不是完全没有文化娱乐活动，但基本上是有组织、有目的地进行的，所以在一定程度上说，这种娱乐活动不属于人们的日常生活，而是属于公共空间。现在，大众文化不但反映人们的文化生活状况，而且参与到日常文化生活中，渗透到人们日常生活的每个细节之中，以至于成为人们生活方式本身。娱乐是与人相关的范畴，所以更是生活中的一个现象。在生活中，人们就像消费其他生活用品一样，消费着被大量生产的大众文化，所以有人说影视艺术像啤酒一样大批量生产、快节奏消费。

新时代的大众文化是公众自我娱乐、自我教育的一种新方式，也是他们发挥自己聪明才智，展示自己丰富多彩的人性，宣泄自己生机盎然的精力和智力的一种最健康的方式。大众文化最大的特点就是，它是公众自己的选择，是一种自下而上的文化，没有人发号施令，一切都是自然发生的结果。大众文化是当代文化的主流，因为精英文化虽深刻，但距一般公众的精神生活十分遥远，只有新时代的大众文化，才是启迪公众智慧，陶冶公众情操的最有效途径。

从某种意义上讲，大众文化是无准备文化，它不需要特殊的前期积累，没有理解和分析的负担，因此，思维是松弛的，没有交流的障碍，不是严格意义上的文化行为，而是生活行为，或者说是生活化了的文化行为。雅文化是有准备文化，欣赏它需要以相应的素养为基础，否则就无法进入高质量的接受状态，所以雅艺术的欣赏是在接触作品之前就展开了。麦克卢汉称影视文化是“心灵的蒸汽浴”，就是因为欣赏者在进行文化消费过程中可以产生舒适愉悦的感觉，是一种娱乐方式。这种方式最适合现代社会紧张的工作之余人们渴望放松、愉悦的精神状态。

（三）大众文化的时尚效应

从中国近年大众文化发展的历程来看，大众文化是在一浪高过一浪的热潮中走过来的。流行歌曲热、言情小说热、流行时装热、追星热、城市文化热、白领文学热、商业文学热，各种各样的热都带来不同的社会潮流，并且形成一种难以遏制的时尚。比如流行音乐热，一个流行歌手的走红，必然带来对这一歌手的模仿时尚，这个歌星的头像、影像被印在衣服上，还有该歌手的象征性动作、行为、嗓音都会成为时尚，青年们以留这种发型，穿这种衣服，操这种话语和以某种嗓音说话为时尚。当年，电影《红衣少女》放映之后，安然的着装便像当年中国女青年模仿娜拉一样成为时尚。当摇滚乐流行之时，少女们为争取缩短裙子的每一厘米，少男为争取增长头发的每一厘米而努力，在大街上，你时时会看到染着头发，戴着瓜皮帽，戴着神秘的墨镜，穿着文化衫，牛仔裤的屁股上印着影星头像，走着模特猫步，口嚼口香糖，哼着流行歌曲，碰着人用“哈啰”打招呼，说声“你好酷哟”，挥手一个飞吻，并伴有“拜拜”“回见”之类的人们，就会感到这世界可真是“酷毙了”或者“帅呆了”。

在大众文化时代，对未定的将来的期望和对新奇的崇拜，使现代人对此抱有无可阻遏的热情，这种热情在大众文化的怂恿之下，逐渐地形成对现象本身的迷信，对形象的迷恋。形象的制造具有象征性，它让人们在片段或生活一个侧面的认同中，获得一种暂时的安慰，获得一种虚假的整体感。因此，这种形象最容易为人们接受，并因这种形象片段的完美性成为偶像。对形象的依附，也即表达出了对他者的欲望，企图借助对他人的认同来确认自身的身份，并从中获得快感。这也许是造成大众不断追求时尚，使大众文化产生时尚效应的原因。大众文化生产者也因为大众的需要，而以程式化、近于俗套的表演和脸谱化的形象塑造把生活制成快餐式的片段，提供给渴望它的人们以满足他们一时的需要。精神快餐能使每一个普通人都找到适合自己的精神食粮。但这种快餐发展到极端则导致了对自由、责任和深刻的逃避。它的快乐是用“逃避”换来的，它的愉悦是用钝化审美感觉为代价换取的。

大众文化以表象代替意义，以欲望代替情感，以表演代替存在，必然使文化在整体上成为形象的生产和交换。存在普遍虚无化，又强化了大众的追逐心理。所以大众文化是一种趋时文化，它的这种功能是由它的商业性和娱乐性的特性决定的。

四、大众文化的评价标准

（一）以文化为尺度的评价

大众文化作为中国特色社会主义文化的重要组成部分，从文化发展的角度对其进行评价是不可缺少的一个重要尺度。首先，大众文化与主导文化统一于中国特色社会主义的文化建设，尽管大众文化的出现是主导文化和精英文化让步的结果，并进一步削弱了主导文化和精英文化在文化建设中的作用，但作为中国社会主义文化的重要组成部分，从根本上讲它与主导文化是统一的。

大众文化与主导文化是休戚相关的。从总体来看，大众文化的发展符合主导文化为社会主义现代化建设服务的要求，具体地说，就是大众文化坚持“以经济建设为中心”的基本路线。由于大众文化能满足一般民众的精神要求，所以它的影响也很广泛。对社会主义主导文化所提倡的世界观、人生观、价值观、政治观都会产生很大影响。在宽容的文化气氛中，在尊重个人价值、提倡自我实现的潮流中，遵循以利为原则的大众文化与以国家和人民利益至上的主导文化形成了一定的对立，但不能将这种对立绝对化，视二者之间存在着不可调和的矛盾。因为强调宽容和尊重自我不能脱离社会，它们都是有一定限度的，不可能无限制地发展，这个限度就是不能破坏国家、社会的团结统一。以经济建设为中心的基本路线和社会主义市场经济体制的建立为弥合二者的鸿沟、缓和这一内在矛盾也创造了条件。实际上，在富强、民主、文明、和谐成为当代中国国家层面价值目标的前提下，大众文化与主导文化是统一的，其表现就是文化产品社会效益与经济效益的统一。像电视剧《人民的名义》就是获得了社会效益与经济效益的统一。可见，社会效益与经济效益、大众文化与主导文化之间不是绝对对立的，而是可以相通统一的。

大众文化的价值追求与当代中国的价值目标有其内在的一致性。大众文化所体现的快节奏、高效率、重实际、讲实惠等，有利于把人的精神和思想从传统的重本抑末、忧道不忧贫等观念中解放出来。另外，大众文化的普及与传播对于开阔人的心胸，改变封闭守旧心态，都比其他文化形式有更大的优势。大众文化以其特定的实践形式对人的感官需要和消费欲望作了一种合理性的肯定，在一定意义上也是对个体生活价值的一种肯定。通过这一环节，全社会对社会主义生产目的最大限度地满足人们的物质文化生活需要才获得了最广泛深厚的社会支持。正是从这个意义上讲，大众文化与主导文化统一于中国特色社会主义的文化建设之中。

从内容上来说，大众文化基本上是符合大众需要的，但世界上没有纯而又纯的完美事物，大众文化亦是如此。有些大众文化产品的内容较好地反映了人民群众的心愿，而有些大众文化产品则未必如此。

大众文化作为城市文化也具有一定的局限性。大众文化的发展方向应该是“大众的文化”，也就是说，它应该是面向全体人民大众的。由于大众文化是与工业和城市的发展同步产生的文化形式，带有明显的城市文化的特征，与农村的文化有一定的距离，所以它的大众性是要打折扣的。中国特色社会主义的文化建设不仅包括城市，而且包括广大农村，甚至可以说，没有农村文化的建设和繁荣，就没有真正的中国特色社会主义的文化。诚然，我国社会正处在由农业社会向工业社会的转型时期，农村城市化、城镇化是必然趋势，但是，这一结果需要经过漫长的发展过程，还远不是现实。所以，在肯定大众文化代表方向的前提下，也要清醒地认识到它在现阶段不可避免的局限性。作为城市文化的大众文化在中国社会由农业社会向工业社会转型的过程中，虽然不是广大农村的主要文化形态，但是其发展的方向，在促进城乡一体化的进程中将发挥其应有的作用。

（二）以经济为标准的评价

大众文化与市场经济之间是既统一又矛盾的辩证关系，两者不但有相互促进共同发展的良性互动，也有恶性循环。大众文化的出现首先对经济发展作出了重要贡献，例如，电影之所以有今天的发展，不仅因为它创造的票房收入为制片人、编剧、导演以及演员带来了丰厚的回报，而且它还带动了一系列相关行业的发展。每当一部影片走红，就会有一大批派生品相应出现，从而产生数额巨大的附加产值。这种派生品从书籍、画册，到音像制品，到儿童玩具，甚至食品，服装，应有尽有，形成了庞大的电影及其相关工业。我国文化产业中的新星——旅游业也是这样一个能带来连锁效益的行业，美的旅游胜地被开发出来，就会有旅店、餐馆、商店、游艺场所、各种娱乐场所如雨后春笋般冒出，给当地百姓提供了致富的新路，也增加了当地财政收入。市场经济敏锐的触角一旦发现了某一有经济价值的文化产品或服务，就会立即在大众文化中有所反映，这一点从中国文化产业的发展可以看得很清楚，无论是广告业、旅游业，还是娱乐业、休闲业，都是市场给予了积极的反馈后，便在全国范围内迅速推广和发展起来的。从总体上看，当代中国大众文化之所以能发展到今天，其发展历程就是大众文化与市场经济之间良性互动的明证。

大众文化的局限性是与市场经济的局限性相关的，这种局限性又是源于市场的局部性和不完善性，以及我们对这一局限性和不完善性缺乏必要的补救措施。大众文化发展的每一步都与市场经济的发展联系在一起，所以市场经济的利弊在大众文化的发展中基本上都有明显的反应。布罗代尔在承认市场的竞争效能的同时指出，在生产与消费之间，市场仅仅是个不完善的连接件，光是它的“局部性”就足以说明它是不完善的了。大众文化产品也是这样一个不完善的事物，由于它更重视技术性和商业性的实现，尽管这也是不可缺少的，而相对忽视艺术性的发展，所以它的局限性和不完善性是显而易见的。

大众文化的不完善性还体现在它所关注的是如何实现经济价值，而将真正决定了它作为文化产品不同于其他物质商品的文化价值放在从属的地位。大众文化产品无疑具有文化价值，不仅表现在它能够满足人们的文化需要，而且可以提升人们的精神文化境界，实现文化价值应该是大众文化最主要的目标。但是，大众文化的商业性使得它的文化价值往往要通过市场交换后形成的经济价值才能实现。这样就产生一种误解，即大众文化的经济价值比它的文化价值更加重要，经济价值成了人们竞相追求的目标，而文化价值则被看作次要的。在实际社会中，生产和交换活动中的目的和手段发生了颠倒，具体到大众文化就是作为手段的经济价值和作为目的的文化价值发生了颠倒。

（三）以政治为准绳的评价

文化和政治都属于上层建筑的范畴，也同是社会主义精神文明建设的重要内容，大众文化虽然有着浓厚的商业气息，但终究是属于文化建设的。作为大众文化典型的电影，不论它的商业动机和美学要求是什么，电影的主要魅力和社会文化功能基本上是属于意识形态的。即使在美国，所有类型的电影中无不渗透着美国精神，而且随着时代的变迁而更新。只不过，其主流意识形态的构成和传递不是单一政治化的，而是以娱乐的形式充分商品化地实现的。在社会主义中国，大众文化与政治之间的关系更是不能忽视的。

大众文化在民主进程中发挥着重要的促进作用。一般地说，大众文化不明显地具有意识形态倾向，也不具有意识形态的强制性，因为它本来只是属于私人生活空间的一个部分，其功能是调剂与缓解公共生活给个体带来的压力。但是在有些情况下，大众文化的意识形态倾向性也很突出，而且它常常在不经意间发挥类似意识形态的作用，电视文化就是这样一种大众文化。电视权威是当代的一种客观存在，它由能对影视界形成左右力量的政治家、思想家、信息专家、艺术家、企业家等社会群体构成，或直接、或间接、或自觉、或不自觉地干预大众的思想倾向、政治态度、艺术情趣和生活方式。电视广阔的覆盖面、专家形象的直观真实性和生动性，都使这种权威增加了分量。这种作用对民主化的进程有促进的一面，这一点对中国尤其重要。

以影视文化为例，它把政治事件和人物从后台转移到前台，从人们的视野之外转移到了视野之内，从而使抽象的东西具体化、形象化。影视文化在改变政治方面的作用就很明显和可以理解了。这种变化的产生是因为影视文化改变了过去以书面语言和广播传播为主的局面，政治和政治家与大众之间有很大的心理和实际的距离，而影视为政治家与大众提供了“面对面”的对话、交流的途径。

同时，大众文化对政治事件的影响是隐蔽但却深远的。大众文化对政治事件的影响是与大众传播媒介密切相关的。马尔库塞曾从社会学的角度，揭示了大众传播媒介在现代社会中，在维护社会统治，在价值取向上的重要性。因为对于社会大众来说，对某种社会制度所形成的理论观点和价值观念，绝不仅仅是通过所谓高深的理论获得的，更多的是通过通俗易懂的大众传播媒介所传递的信息获取的。

不难看出，大众文化虽不一定直接参与政治事件，但对事件的发生和发展有深远的影响。大众文化作为一种文化形式，可以承载不同的内容，因此，关键在于大众文化的生产掌握在谁的手中，大众文化传播的内容是否真正符合大众的根本利益等问题，这些从历史教训中得来的经验是评价和看待大众文化时必须正视的。

（四）综合评价

对于大众文化的评价，最明智的做法既不是一味地批评指责，也不是简单地予以肯定，而应采取辩证的眼光，重在引导的态度。即从分析和解决造成大众文化各种矛盾的原因入手，正本清源，最终达到解决矛盾和全面评价的目的，除了大众文化自身的因素以外，还有众多的客观因素共同作用。这些客观因素具体地说主要有以下四个方面。一是当代中国有些大众文化不是自发产生的，而是从国外“引进”的，所以在本土力量没有壮大之前，在国际间文化交往、文化贸易频繁的条件下过多地受到西方的影响是难以避免的。二是与中国市场经济的成熟度是有关的。三是与中国的法制建设相关。四是还要受到整个文化建设发展程度的制约。正是由于当代中国大众文化所具有的种种矛盾性格与它产生的环境和时代有密切关系，所以对于它要采取有限批判的态度。首先要承认它是符合社会发展方向和社会主义文化建设目标的文化形态，是特定时代和历史条件下的必然产物。其次，也要看到它是远非完美的事物，其弊端是显而易见的，对我国文化建设的负面影响也是存在的。最后，在充分肯定它的发展方向的前提下，必须重视以主导文化对它予以引导，用精英文化加以提高，将它的负面影响减小到最低限度。

对当代中国的大众文化进行批判并加以引导，还需对它进行理论定位。当代中国的大众文化与西方的大众文化是有所区别的，因此，研究当代中国的大众文化就不能完全套用西方的话语，而要给予中国话语的定位。理论上，大众文化在当代中国文化中的定位，应该是当代中国的“大众的”文化。这与新民主主义时期的大众的文化既有区别又有相同之处。可以说，这两者之间是一脉相承的，统一于中国不同于资本主义国家的文化建设的目的。大众文化作为中国特色社会主义文化的重要组成部分，其理论定位也必然是大众的文化。“大众的”文化与“民族的”和“科学的”文化三者之间是密切联系，并统一于中国特色社会主义文化建设之中的。民族的就是有中国特色的，科学的就是符合社会和文化发展规律的，而只有有中国特色的社会主义文化才是真正的大众的文化。作为中国特色社会主义文化的重要内容，只有体现了中国特色社会主义文化的内涵，才能最终实现大众文化的重要定位。

第二节　大众文化对未成年人的影响

一、大众文化对未成年人的正面影响

大众文化所反映的现代与传统、民主与法制、开放性与流动性等问题无不具有意识形态的烙印，发轫于大众文化的意识形态，自由地交汇、融合、激荡，正是导致文化裂变和大众文化勃兴与流行的深层缘由，勃然兴起的大众文化浪潮是一种合乎历史发展的必然，其对中学生健康人格的构建有一定的积极意义。

（一）有利于进行未成年人思想教育

向人民灌输国家正统意识形态是主导文化的重要任务之一，但长期以来意识形态灌输形成了一种僵化的、单一呆板的说教模式，难以发挥较好的宣传教育作用。大众文化的大众化、多样化的表现形式，为新时期的意识形态灌输提供了一种有益的形式，充分利用大众文化的表现形式，有利于灌输带有隐蔽性和趣味性，从而取得润物细无声的效果，在某种意义上甚至可以说运用大众文化形式进行的宣传灌输真正实现了寓教于乐。在人们消费令人着迷的新闻娱乐产品的过程中，产品起着思想灌输和操纵的作用……由于更多的社会阶层中的更多的个人能够得到这些给人以好处的产品，因而它们所进行的思想灌输便不再是宣传，而变成了一种生活方式。

这样，国家正统意识形态可以借助与日常生活的密切关系获得更加持久而深远的影响。

今天，如果沿用过去的方式无疑已不能收到良好的效果，如何使弘扬主旋律的形式符合处于不断变化中的大众的文化需求，从而取得预期效果，是主导文化面临文化多元化趋势必须作出的选择。大众文化成为人们文化需求和消费的中心，从而为主导文化的选择提供了一种方案。例如，“五个一工程”“红色经典”“民族经典”等的评选和流行，也是利用大众文化的形式弘扬主旋律比较成功的例子。可见，在市场经济体制下，一切社会性事件，只要为公众所关注，就会转化为商业行为的文化消费，不仅政治，一切社会性事件被消费化必然引发一系列文化消费行为，而且进一步又借助于文化消费才能扩大影响。不能以商品化方式传播的政治宣传，其效果总是最差。在某种意义上大众文化为主导文化的传播提供了一种在现代商业社会中高效而隐蔽的新形式。

大众文化产品常借助大众喜闻乐见的形式出现，往往轻松而浅显，这对于未成年人来说是易于接受的形式，大众文化遵从的是快乐原则，它的平民面也使大众感到易于亲近，而那种轻松愉快，相对于快节奏、日益紧张的生活是一种调剂，它对娱乐功能的强调舒张了中学生的生命张力，而那种肯定享乐、肯定现世利益、强化具体感受而拒绝超越的内质，对于处于学习重压下的未成年人也是一种放松。而大众文化关注现实生活，关注道德改良，注重表层娱乐，对广大未成年人来说，无疑起到了排解情绪、调剂精神、丰富生活、平衡心态的作用。

（二）有利于培养未成年人的人文精神

人文精神，应当是人存在的意义和价值的最高展现，它是在历史中形成和发展的，由人类整个优秀文化积淀、凝聚、孕育而成的精神。人文精神不是一个单一的、凝固的、封闭的概念，人文精神是汇聚于整个人类文化生活的内在灵魂，它以追求真善美的崇高价值理想为核心，以人自身的全面发展为终极目的。

人文精神与大众文化并不是天敌。在西方世界，大众文化是科学民主走向成熟，工业高度发达的社会的产物。虽然对传统的理性精神持消解态度，但也是对近代以来以达尔文、黑格尔为代表的绝对理性的反叛，它所传达的消解中心、无深度等后现代文化精神也是西方社会在越来越严重的精神危机下的一种空转与寻求。所以从整体的客观的角度看，大众文化有其符合人文精神的本质意义——对人的关怀的一面。大众文化为人文与科技的结合提供了途径。大众文化所依托的现代传媒使现代科技引入了文化艺术，使文艺中的技术因素大大膨胀起来，但由于人文因素在新的社会转型中没能得到相应的改善，事实证明，那些人文精神含量高的大众文化产品，必然受到未成年人的欢迎，如“学者散文”的走红，“布老虎”丛书等长篇小说的运作，从新写实小说开始到新生代作家的写作，都既包含着创作主体对人类命运的思考，对人生价值的追问，对现实人生的关注，又借鉴了大众文化的一些形式，显露出精英文化与大众文化融合的端倪，这些都对未成年人产生积极的影响。

（三）有利于培养未成年人的自由人格

现在有一些大众文化产品是借鉴了精英文化创作者深入生活的结果，在反映现实的同时，也开始注意到提倡社会对真善美，对理想、道德、价值观的关注。在大众文化中审美与人生、审美与生活紧密地联系在一起，美的价值成为生存形式中可以把握的东西，“美是生活”得到了大众的认同，人性、情感、忠诚、灵性等都成为美的价值标准，以中国的文学创作为例，出现了一股当代批判现实主义思潮，他们以下层民众的生存困境为主题，反映了市场经济浪潮冲击下“狂欢不起来的另一种人生”。以上这些无疑对于提高未成年人对现实的认识水平起到一定积极作用。

我国当代哲学家冯契认为，现代人格的精髓是平民化，曾表述为“平民化自由人格”。平民人格是对中外思想史上圣贤人格、精英人格的否定，是适应社会发展和时代精神的。在中国文化传统中，充斥着对“内圣外王”“君子”“鸿儒”的向往，在西方文化传统中，也同样存在着对“哲学王”“绅士”“英才”等“高大全”式的人格的追求。这种人格追求其实是人由于对群体的依附而被分等划类的体现，是对组成社会的广大平民的忽视。一个自由、平等和民主的现代社会，需要平民人格。

平民化自由人格的核心是人的主体性的张扬。什么是主体性呢？按照马克思主义的观点，主体性是人作为主体的属性，是本体规定和关系规定的统一。所谓本体规定是指人的主体性是自由自觉的活动，它是人作为人而存在的必然性、本质和根本方式，不同于物的规定和动物的活动。主体性作为自由自觉的特性，是人的现实存在的多样性、差异性的统一。千人一面即意味着主体性的丧失。所谓关系规定是指主体性不仅是内在的，还是外在的，是作为主体的人在与客体相互作用的过程中表现出来的特征，如自主性、独立性、主动性、创造性等。主体性的本体规定和关系规定是统一的，统一的基础在于人的实践活动。未成年人平民意识的形成，有利于其健康人格的建构。

（四）有利于培养未成年人的创新精神

大众文化不是文化的简单复制，大众文化形式及内容的更新，是文化发展与创新的表现。大众文化重视创新精神，需要人的创造性想象，是艺术的翅膀，同样，没有想象力的支持技术也不会有今天的辉煌，商业也不可能发达到现在的地步。认识到这一点才能理解美国网络技术专家兰尼为什么把硅谷与好莱坞等同起来。没有创造力的想象就没有“视窗”，因为“视窗”一半是技术，一半是艺术。因此，创新精神，有创造性的想象，大众文化对于提高未成年人的创新精神和文化素养并非是不可能的。有人提出就国画和计算机美术比较而言，究竟二者谁更胜一筹还难以过早地下结论。因为前者更注重经验的积累，对技法也要求颇高，需要长期的训练，人的时间和精力都是有限的，这就相应地减少了对艺术创造能力的培养，而后者不需要太多的技法训练，在淡化动手功夫的同时，强调动脑，充分发挥想象力，有利于未成年人创新精神的培养。

二、大众文化对未成年人的负面影响

大众文化的兴起与流行使当代文化呈现一道充满挑战性的文化裂变，导致人性结构中经济性与道德性的分裂与对立，享乐欲望与价值理性的分裂与对立，其本身的问题也让人感到忧虑，其表现出的文化价值的贫乏和精神价值的消解等畸形状态对未成年人健康人格的建构有一定的负面影响。

（一）导致未成年人价值观念功利化

当代未成年人很少去追逐那些名扬天下的英雄、科学家和政治领袖人物，而更崇拜世俗的明星、人物。大众文化中明星对中学生的影响是全方位的，从中学生的成功观到爱情观几乎都带有明星的印记。大众文化所塑造的魅力人士对中学生一代更具时尚动员力。从自我塑造方面来看，对当代中学生最具稳定动员力的是那些有一定成就又具个人魅力的人士。大众文化明星的成功之途是千千万万未成年人所梦寐以求的，这反映了他们“投机取巧”“一夜成名”的价值观念，体现了未成年人价值取向的误区，这实际上是媒体误导所带来的负面影响。文化媒体给大众制造了明星之路就是“潇洒走一回”的假象，使千千万万未成年人对明星梦趋之若鹜，很多未成年人由于仅仅看到明星的成功，就以为当明星完全归属于命运的机遇，这使他们只看到明星的成功，而未看到明星成功背后的艰辛。未成年人对明星的追逐不仅仅是对明星之路的艳羡，崇拜明星同时也是信仰缺失状况下的填补。在社会主义市场经济的今天，人们更加崇尚自由与个性，娱乐文化产业兴起之后，明星自然被推上宝座，未成年人对明星之路的追求和对明星的盲目崇拜说明了未成年人价值观念的世俗性。

青少年价值观念和行为的功利性还表现在校园文化所呈现出的商业化趋向上，这使校园文化越来越受到来自大众文化的严峻挑战，校园文化模仿大众文化的市场操作使校园文化的发展更具功利色彩。如学校文学社团冷冷清清，热爱文学的青少年越来越少。校园文化的世俗性体现了青少年一代功利、金钱意识的增强。当代部分青少年相信金钱和权力的威力，他们相信权力尤其相信金钱，认为金钱是万能的，认为金钱、权力和声望是当代成功人士所追求的目标。当代青少年的功利性意识及其行为所表现出来的利益驱动性集中体现了当代青少年文化中拜金主义的精神特征，他们越来越依赖于物欲的满足以追求世俗的幸福。

（二）诱导未成年人追求享乐

大众习惯于简单粗糙的快餐文化，面对高雅文化便失去了最基本的审美鉴赏能力，会因感觉到莫名其妙、不知所云而更加远离高雅文化。有人从文学语言的变化分析大众文化对高雅文化的侵蚀，如平面化写作导致有些作家拒绝文学中的深度模式更注重语言表面的操作，将情绪和心态模式化，将人对生存的复杂表达纳入图式化和浅俗化的写作框架。又如有些作家在影视形象的狂轰滥炸下自信心受到打击，逐渐丧失了以语言捕捉形象的能力。

由于大众文化以娱乐为本位，这种动机对健康人格的建立会产生负面影响。大众文化只满足人的基本文化需要，它的产品注重感官性、平面化、模式化，长此以往，会使接受者沉溺于感官享乐而忽略精神空间。平面化会导致思维的惰性，模式化造成欣赏心理的单一，对其他文化形式产生拒斥性。大众文化常常采用煽情手段，以庸常情感给接受者一种虚假的情感满足，久而久之使接受者情感麻木，只沉溺于作品营造的情感世界，关注作品中的人物纠葛而忽略身边的客观世界。大众文化作为一种社会意识现象，并不仅仅是人们休闲娱乐或文化消遣的手段，而是体现着一种人生观和价值观，尤其是它的商业性、市场化特征，讲求功利和实惠，重物重利，淡化对理想信念的启迪和对未来人生的设计和追求，这使得以理想主义为灵魂的主体性人格受到全方位的挑战。

调查显示，虽然多数未成年人将社会价值作为衡量人生价值的标准，但其价值观已明显向个人本位偏移，在未成年人人生价值的调查中，只有三成的人愿意将社会价值的实现放在第一位，三成的人把个人收入、社会地位作为人生理想实现的首要因素，四成的人主张在社会价值与自我价值的结合下实现人生理想。

（三）影响未成年人积极进取

某些大众文化产品的反人民性还表现在它宣扬腐朽没落的封建迷信思想，与历史的进程背道而驰。落后、腐朽意识还广泛存在于农村，一些未成年人或多或少的存在迷信心理，一些大众文化产品就针对这种社会心理，大肆宣扬算命、看相、占卜的科学性、准确性。尽管有些未成年人有时只是抱着姑妄听之、半信半疑的心态参与这类活动，但其影响和危害却是非常之大。这类活动在未成年人眼里俨然成了肯定的象征，加上青少年的模仿能力极强，他们对这类封建迷信行为不加批判地全盘接受，进而成为封建迷信活动的潜在而庞大的消费群体。有调查显示，中小学生中有近一半的学生认为，人的一生是由命运来决定的，从而对未来丧失信心，不能积极进取。

（四）弱化未成年人思维探索

大众文化的图像性无疑是形象的教材，使之易于模仿，于是，未成年人在劣质影视作品的诱导下走上犯罪道路的例子屡见不鲜。这还是些表层的影响，其深层的伤害更不容忽视。大众文化的图像性使消费者对事物的形象一目了然，去掉了大众认识事物的障碍，但这些形象同时又成为单纯的形式，消解了意义，长此以往，接受者思考事物本质，追问意义的能力就会萎缩。消费者在接触大众文化时，一般没有明确的目的性，多为休闲解闷打发时间，这种随意浏览必然不会集中注意力。大众文化的消费环境如电视的观赏和流行读物的阅读大多为日常生活场合，观赏和阅读活动行为常常与生活行为同步进行，也无须集中精力，久而久之形成习惯，观赏者对其他事物也无法专注。以往人们接受信息具有连续性，因此，人的思维也是具有连续性的，而大众文化中的影视作品其传播方式是跳跃的，声音和画面可以经常随意切换，长此以往，有可能破坏思维的连续性，使之变得跳跃、破碎，甚至无逻辑。大众文化对社会生活的侵蚀，对中学生精力的掠夺必然会影响他们的智力发育，使他们的思维也变得零散、游移，思考能力日见萎缩，难以进行复杂艰苦的思想劳动，创造力也逐渐丧失。未成年人对大众文化形象机械的模仿，会弱化思维，对自己的未来将贻害无穷。

三、理性看待大众文化的双重影响

大众文化是随着工业社会而产生的，是高科技在文化领域的应用与普及。技术的进步促进大众传媒的进步，进而使文化借助传媒而大批量生产，大面积、高速度传播。而文化对传媒的依赖也必然会日渐改变文化产品的性质。工业化是人类创造性的直接成果，是人类追求高质量生活的过程，是社会发展之必然。社会生活中个人空间的日渐扩大，民主法制的日渐健全，在不触犯法律的前提下，任何人都可以选择自己喜欢的行为方式。因此，大众文化是必然要出现的。人类除了物质满足外，还要追求感官愉悦与精神享受，技术的发展，除了为人类提供日益丰富的物质，当然也会在人类的精神需求上找到用武之地。也可以说，人类的各种感官和精神都必然要借助技术的进步而取得多向度的扩展和多种实现的可能。工业生产的大批量、复制性、模式化，正是技术的可贵之处。它在改变传统物质生产方式的同时，也必然会改变传统精神产品的生产方式。中国社会既然要迈向工业化，在文化领域就不可拒斥大众文化的出现。

大众文化在中国的出现有其合理性，有其无法否认的积极价值。大众文化产品常借助大众喜闻乐见的形式出现，往往轻松而浅显，这对于中国大众来说是易于接受的形式，大众文化遵从的是快乐原则，它的平民面孔使大众感到易于亲近，大众文化关注现实生活，关注首先改良，注重文本的表层娱乐，对广大民众来说，无疑起到了排泄情绪、调剂精神、丰富生活、平衡心态的作用。

大众文化使艺术平民化。它降低了大众欣赏高雅文化的门槛，使过去那些极端个人化、神秘幽玄的，非依靠丰富的知识、特殊的感情和相当长的时间才能领会的东西一下子变成人人能懂、可感可知的东西，它使审美又回到了生活，使粗糙的生活变得光滑，美与生活的距离缩短了。大众文化的高信息量可以提高大众的文化素质，激发大众的想象力，扩大其知识面。马克思曾经预言，未来社会的人是按照美的原则生活，因此，未来的文化，必然是一种审美文化，未来的生活秩序，必然是一种美的秩序，大众文化在其中是可能起到某种桥梁的作用的。

但是，大众文化的消极性对国民精神与生活的负面作用也是客观存在的。首先，大众文化作为一种产业文化，是商家为满足乐意付费的顾客而制造出来的东西。它的制作动机是赢利，为了让顾客自愿地把兜里的钱掏出来，就要迎合广大顾客的口味和心态，特别是要满足他们表层的低俗的感官欲望。因此，大众文化产品在形式和内容上就不可能遵从艺术规律而只能服从市场规律，常常会向金钱屈服。

大众文化具有改变大众的强力，如果这种力量是积极的，便会使大众得到提高，而如果是消极的力量，将误导大众并进而给社会造成危害。信息产业的飞速发展，使覆盖率大、受众面广的大众传媒拥有了超常的力量。部分文化水平低的产品对受众“狂轰烂炸”，会降低受众的欣赏水平与分辨能力。大众传媒很容易控制大众，将大众引入由媒介营造出来的脱离现实的虚拟的世界中，唯媒介传播的内容为真实，唯媒介传播的内容为真理。部分大众文化体现的无中心、无深度、反理性、消解神圣等后现代文化特点在中华传统文化的消极面中找到同盟军，比如市井文化中的泼皮无赖和农民文化中的土匪懒汉，如果这二者沆瀣一气，无异于一剂慢性毒药，进一步毒害我们的国民精神，这可能使社会堕落，甚至煽动反社会情绪。大众文化主要为了迎合大众的口味而缺乏原创精神，不鼓励独立思考，其生产模式是批量复制，屈服于现存的社会权利结构，具有影响人心的意识形态效果。未成年人作为大众文化的欣赏者和消费者，他们在一种忘却自我意识或自我判断的状态下，感受着高科技手段带来的种种浪漫和刺激，却使大众文化中的道德理性、审美水平、思想深度被不断地削弱，大众文化产品在满足人们感官刺激的同时，抛弃了社会固有的道德准则，在充分满足个人欲望的同时，忘却了提醒其应承担的社会责任和使命。

大众文化是一把双刃剑，对它的积极价值与消极影响，我们必须理性对待。

第三节 大众文化培养未成年人健康人格的策略

一、未成年人健康人格的建构原则

大众文化对未成年人的影响，已经是不用争论的事实，在大众文化背景下，建构未成年人健康人格，需要把握以下原则：

（一）引导原则

有些家长和教师要求子女不上网，不崇拜明星，简单地下一道“禁令”，或者重“堵”轻“疏”，引起了学生的反感，造成对立，都不能有效地解决问题。引导是未成年人思想道德教育的基本原则，引导才能更好地构建未成年人的健康人格。引导就是要在教育双方人格平等的基础上，交流沟通，引领未成年人正确对待网络、明星，分清在社会的大众文化中哪些是健康有益的，哪些是不良有害的，从而形成正确的认识和行为。例如，未成年人几乎都要经历偶像崇拜的人生阶段，要引导未成年人学习和景仰那些为国争光的明星、保家卫国的英雄等。

（二）适度原则

大众文化有很强的娱乐性，例如网络游戏，丰富了人们的生活，满足了人们的娱乐需求，但是沉醉于网络游戏等大众文化，又会对未成年人的健康人格建构产生较大的负面影响，有些未成年人甚至为此影响了升学、就业，严重的导致违法犯罪。因噎废食不可取，禁止未成年人接触网络游戏也是行不通的。对于那些娱乐性的网络游戏，可以允许未成年人接触，但要贯彻适度的原则，在时间和内容上要有所控制，不能放任自流。家长和教育工作者应该主动承担这种控制和监管的责任，当然这还需要技术的支持。有些电脑软件可以在这方面发挥作用，这对于构建未成年人健康人格是大有裨益的。

（三）他律与自律相结合原则

要提高未成年人的思想道德教育的实效，应该建立奖惩机制，用他律的手段规范未成年人在网络等方面的行为。但是，大众文化中的思想道德问题大量地涉及人生观、价值观的问题，涉及个体的心理、性格、兴趣、爱好等因素，这些问题难以通过具体的条文来规范。因此，要强调贯彻他律与自律相结合的原则，特别是自律的原则。通过未成年人的自我思考和自我修养，在内心塑造一个良好的精神世界，才能抵御大众文化中的不良倾向，使他们健康成长。当然，未成年人中还有不同的年龄层次，具有不同的心理特点，因此，他律的力度和自律的要求都应该有所不同，这样才有利于未成年人健康人格的构建。

二、未成年人健康人格的学校构建策略

人格的形成是一个动态发展的过程，受到生物学因素和家庭、学校及社会各方面环境的影响。人格健康既表现为内部的协调，也表现为人格内外的平衡，这种协调与平衡是相对的、动态的。青少年期是人格的形成及再造期。大众文化背景下，建构未成年人健康人格，必须通过家庭、学校、社会的共同行动，而家庭对未成年人人格建构的遗传因素，已无法改变，社会因素的改变，也将仰仗社会各界的共同努力，本处所谈及的只是学校和未成年人个人的努力，学校和学生共同采取各种有效的手段，促进未成年人自我的完善，提高未成年人的心理素质、文化素质和道德修养，最终不断提高未成年人的人格层次。

（一）系统开展健康人格教育

促进未成年人健康人格塑造，首先必须普及人格健康知识。我们在生活中经常耳闻或目睹一些因为心理障碍导致的悲剧，仔细分析一下，如果当事人能够多了解一些心理卫生知识，或者在他们有困难的时候能有人给他们进行必要的、适时的指导和帮助的话，这些悲剧大部分都是可以避免

的。因此，只有通过系统的接受教育，未成年人才能全面深入地了解人格，确立起健康人格的概念，才能在全社会内形成一种关注人格健康，塑造健康人格的氛围，只有通过普及人格健康知识，受到人格问题困扰的未成年人才能及时地了解自己，以便调整自身回到正常的人格发展轨道上来。

（二）加强未成年人的人文修养

未成年人在加强专业知识学习的同时，还应该扩大自己的人文社会科学知识，加强人文修养，即要注重人格的全面发展，避免片面化。人文精神是一种普遍的人类自我关怀，表现为对人的尊严、价值、命运的维护、追求和关切，对人类遗留下来的各种精神文化现象的高度珍视，对一种全面发展的理想人格的肯定和塑造，而人文社会科学是集中表现人文精神的知识教育体系，它关注的是人类价值和精神表现。学习人文社会科学知识、增长智慧的过程也是人格优化的过程，正如培根所说“读史使人明智、读诗使人灵秀、数学使人周密、科学使人深刻、伦理学使人庄重、逻辑修辞之学使人善辩，凡有所学，皆成性格”。人文精神强调一切从人出发、一切以人为归宿的精神，高度重视人的价值和尊严，因此，加强人文社会科学知识的学习有利于未成年人塑造健全的人格。教育内容上重视将中国人格与现代人格有机结合起来。中国传统文化以注重天人合一、知行统一，强调和为贵、道德教化、整体至上、人伦道德为基本特征，中华民族五千年的历史积淀中形成了重理想、重道德、重气节的伟大的民族精神，铸就了协作性、整体性、内向性和锁闭性的中国传统人格。这种民族精神和传统人格是中华民族生生不息的强大的精神支柱，为人类文明进步作出了不可磨灭的贡献。除了具备传统的优秀的中华民族特质之外，当代中国人的人格至少还应该具有以下五种人格特质：自主性、竞争性、效益性、开放性和法制性。这五种人格就是在新的时代背景下合乎市场经济要求的现代人格。我们需要将传统人格与现代人格相结合，修正和去除传统人格系统中落后的人格特质，吸收和借鉴符合时代要求的现代人格特质。

（三）拓宽未成年人人格教育渠道

大部分未成年人的主要活动场所是在学校中，因此，学校的人格健康教育是塑造未成年人健康人格非常重要的一环。在学校里开展未成年人人格健康教育的方法和途径不能仅仅局限于心理辅导和咨询工作，而是要以课堂教学、校园文化活动为主要渠道和基本环节，形成课内与课外、教育与指导、咨询与自助紧密结合的人格健康教育的网络和体系。人格健康教育必须与课堂教学相结合，一方面，在课堂传授内容方面，教师可以适时地挖掘一些人格教育的内容，通过相关知识的传授帮助未成年人树立正确的人生观、世界观和价值观，增强未成年人辨别是非、善恶、美丑的能力，引导他们追求真、善、美的优良个性品质。另一方面，授之以鱼，不如授之以渔。教师在传授知识的同时，尤其要注重开发未成年人的各种能力，如创新能力、自学能力、表达能力、人际交往能力、独立思维能力等。

校园文化是指以学生为主体、以课外文化活动为内容、以校园为空间、以校园精神为主要性的一种群体文化。一方面，校园文化活动满足了未成年人归属和交往的需要，增加了与他人合作交流的机会，通过与他人的交流，可以看到别人的长处，自己的不足，从他人那里获得理解、支持和肯定。另一方面，校园文化活动为未成年人提供了一个全面展现其才能的空间。校园文化建设格调清新、先进高雅，有利于引导未成年人形成丰富多彩的兴趣，通过这种潜移默化的文化氛围，有利于增强未成年人的自信心，缓解单调繁重的学习生活造成的心理压力。

三、未成年人健康人格的自我构建策略

辩证法告诉我们，在事物的发展过程中，外因起促进作用，内因起主导作用。在未成年人健康人格构建过程中，学校教师、家长以及社会起到的是促进作用，未成年人本人应起主导作用，要不断学习，不断磨炼，不断提高，不断完善，积极建构健康人格，可尝试采用下列方法认识自我，优化整合。首先，我们要认识自己，包括自己的优点和缺点。无论在寂寞地独处，还是在喧闹的人群中，我们都能看到真正的自我，只要留心，我

们会慢慢了解自己，也了解自己的潜能和局限，进而明确自己的目标和即将为之付出的努力，而不会因高估或低估自己而痛苦。我们的人格存在美好的一面，也有阴暗的一面，因此，我们要注意不断加强我们优秀的一面，比如正直，乐观，坚强，富有爱心等，克服劣质的一面，如自卑，虚荣，悲观，怨天尤人等。

（一）知行统一

当代未成年人知行脱节的现象普遍存在，这也是造成人格问题的一个重要原因。因此，未成年人健康人格构建的一个重要环节就是要加强知行统一。苏格拉底认为知识即美德，皮亚杰强调道德认知对道德自律的重要意义，我国古代思想家认为“学而不思则罔，思而不学则殆”，这些观点都在不同程度上体现了道德认知与道德行为的关系。道德知识是人格行为的先导，没有道德知识就不可能有健康人格行为。而这些知识不是个体先天所具有的，它们是不断学习和思考的结果，所以，道德知识的学习是十分必要的，这种学习的目的在于理解和把握道德必然，形成科学的道德知识系统。这个科学的道德知识系统才会使个体在复杂的社会生活中不致迷失方向，始终沿着正确的道路前进，这样，健康人格的形成就水到渠成了。

（二）内省磨炼

荀子说：“君子博学而日参省乎己，则知明而行无过矣。”可见荀子十分强调内省的重要性。所谓“内省”，指自己在内心反省自己的言行，扫除邪恶不好的东西，保留善的东西，就是要去恶存善。内省的修养方法，是一种自我锻炼的修养方法。道德修养的一个重要方面，就是用正确的道德原则和规范，不断克服错误的道德观念。一个人只有在内心严于解剖自己，对一切错误的道德观念毫不留情地进行自我批评，坚决抛弃，才可能成为一个符合时代精神的有道德的人。另外，道德的完善不能一蹴而就，需要有一个不断积累和深化的过程，是一个自我磨炼，不断巩固强化，逐渐凝固成优良品质的过程。这种道德修养方法，实际上就是强调对人的道德意志的磨炼，只有不断加强对自我的磨炼，人才能步入更高的道德境界，健康人格也就逐步形成了。

（三）慎独处事

所谓慎独，是指个人在独处无人注意的情况下，能自觉按一定的道德准则思考和行动，而不做任何坏事。慎独是一种境界更高，自觉性更强的自我修养方法。它不仅要求人们不要在暗地里做不道德的事，还要求人们从小处入手，防微杜渐。不因为是小的好事而不去做，也不因为是小的坏事而去做，即古语所说的“勿以恶小而为之，勿以善小而不为”。所以，慎独的修养方法同时又是一种道德境界，品德高尚的人，在个人独处的情况下要自觉按道德规范约束自己。

当前的时代是一个前所未有的大变化的时代，机遇与挑战并存、痛苦与快乐交织、理想与现实碰撞，大众文化正深刻地影响当代未成年人，未成年人的思想、道德、心理、行为、人格等正发生着急剧的变化，未成年人健康人格的构建是一个长远的过程，但只要我们意识到培养未成年人健康人格的重要性，而且用心去感受，用心去做，多多提高未成年人的人文素养，就一定能找到合适途径构建未成年人积极向上，乐于进取，和谐发展的健康的人格，让未成年人拥有生命的幸福，培养真正德才兼备的社会主义建设人才，早日实现中华民族的伟大复兴。

第五章

社区教育与未成年人健康人格的构建

随着我国社区建设的发展规模和趋势变化，对社区的管理也显得日益重要。“社区未成年人具有群体结构复杂、活动方式结群、活动方式边缘等特点。”[①] 对社区未成年人科学有效的教育及管理事关社会的长治久安与和谐发展，同时也事关社区未成年人的健康成长。

第一节　社区未成年人健康人格教育与管理内涵

一、社区未成年人教育的概念与特征

依据国家标准化管理委员会对社区教育的定义，社区未成年人教育的定义可以为：在社区中，开发、利用各种教育资源，以社区未成年人为对象，开展旨在提高青少年的素质和生活质量，促进他们的全面发展和社区可持续发展的教育活动。随着社会的发展，在传统的学校教育与管理之

① 周畏一. 社区未成年人健康人格教育及管理研究［D］. 中南大学，2013.

外，社区作为一种对未成年人进行教育与管理的新载体正在逐步发展。它具有方式灵活、对象广泛、主体多元的特点，是一种潜移默化的教育与管理模式。社区未成年人教育问题逐渐成为我国理论界研究的一个重要课题，近年来我国对未成年人社区教育的研究工作取得了一定的成果，如王冬桦等主编的《社会教育学概论》、陆士桢主编的《青少年社会工作》、史柏年主编的《社区治理》、王思斌主编的《社会工作概论》，另外还有许多关于社区教育的文章见诸报端杂志。近年来我国关于社区未成年人教育的研究主要涉及以下几个问题。

社区未成年人教育的内容，涉及未成年人健康成长的方方面面，范围很广。王思斌教授主张在社区未成年人教育过程中，要把思想政治教育放在首要位置，关注未成年人价值观的选择和政治态度的形成；要加强健康教育，为未成年人在学业指导、心理健康成长、社会交往指导、特殊青少年服务等方面提供心理咨询和物质帮助，关心未成年人身心健康，保护未成年人合法权益，努力挖掘未成年人内在潜力，引导未成年人发挥优势。另外，王冬桦、王非、张少军、韩秋红等不少研究者都提出，道德及人格教育、法制教育、人文素养教育、科学精神教育、生命教育、职业教育等，都可以纳入社区教育的范畴。由此也可以看出，社区教育的范畴很广，对未成年人健康人格进行教育，只是属于社区教育中的一个方面的内容。

社区未成年人教育的主要对象无疑应包括全体青少年，即，在校未成年人的社区教育，校外未成年人的社区教育，特殊未成年人的社区教育三种。“特殊未成年人”主要是指“失学”“贫困”“残疾”“单亲”“孤儿”“精神失常”的未成年人，这样的特殊未成年人，有可能是在校的未成年人，也可能是未在学校接受教育的未成年人，处于一种特殊的、非正常的状态，因此更加需要重视和关爱。

社区未成年人教育主要具有如下特点：

（1）多样性

多样性既指社区教育榜样的多样，也指社区教育方式及载体的多样。

未成年人社区教育用优秀的榜样来激励教育未成年人，更容易收到事半功倍的效果。社区教育可以通过社区广播、媒体宣传、群体活动、座谈宣讲等方式，对未成年人产生教育的效果。

（2）形象性

社区教育相比于学校教育，教学地点更加宽广，可以走出校园，在一个更加广阔的社会自然环境中，对未成年人传播丰富的教育信息，传播手段一般根据未成年人的需求和喜闻乐见的方式，因为更加形象，更容易引起情感的共鸣，从而达到潜移默化的效果。如社区可以组织未成年人参加旁听法庭审判，就容易让未成年人对犯罪的危害产生更直观的认识、产生更强的威慑教育效果。

（3）开放性

未成年人社区教育是利用社区的资源进行的各项活动，面向社区的所有成员开放，不受学习成绩、学习任务的干扰，因而教育的内容、手段、载体都更加开放。

（4）自主性

未成年人社区教育并不强制每一位未成年人必须参加，而更多的是依据未成年人的个人喜好和兴趣来参与，未成年人在参加社区教育的过程中，可以选择参加，也可以选择退出；可以选择接受教育中的观点，也可以排斥其中的某些观点，未成年人的行为与心理，由未成年人自己决定。

二、社区管理的内容与人格教育的界定

（一）社区管理的内容

所谓社区管理，从定义上主要是指，社区内部各种机构、团体或组织，为了维持社区的正常秩序，促进社区的发展和繁荣，满足社区居民物质和文化活动等特定需要而进行的一系列自我管理或行政管理活动。

社区管理的目的，从上述定义可以看出，主要有三个目的：一是维持社区的正常秩序，二是促进社区的发展繁荣，三是满足社区居民的物质文化需要。社区不是政府组织，而是一种居民自治组织，从这个层面看，社

区管理更多是对社区各项公共事务的一种自我管理，是一种自治的行为。和政府管理相比，社区管理具有更多的自治性、主动性，社会的氛围更重；而不像政府那样，具备很强的行政性，政治的氛围更浓。社区管理的主体，也就是社区参与自治的主体，包括以下三个部分：一是社区的居民自治委员会和党在社区的基层组织，包括党和团的组织；二是存在于社区的驻区学校、公司等单位组织；三是社区的居民，包括社区的常住人口和外来流动人口。

民政部《关于在全国推进城市社区建设的意见》指出，社区建设各项工作的主要内容包括：拓展社区服务，发展社区卫生，繁荣社区文化，美化社区环境，加强社区治安，因地制宜地确定城市社区建设发展几个方面的工作。从社区的层面讲，社区管理涵盖社区建设的方方面面，社区管理的内容也就是社区建设的各项内容。对照这一定义，可以认为社区管理的内容主要包括如下五个大的方面：

1. 社区服务管理

社区服务主要是为了满足社区居民的物质和文化的需求，是依托社区居民进行的自助互助的服务。目前国家在社区都普遍设立了社区服务站，主要面向老年人、青少年儿童、残疾人、贫困人群及优抚对象开展社会救助和社会福利的服务工作，这方面工作在上级政府民政部门主管下开展。社区服务还包括面向下岗职工的再就业服务和社会保障服务，这方面工作在上级政府劳动与社会保障部门主管下开展。

另外，社区服务还包括面向社区单位的社会化服务，如计划生育管理是按照流入地属地管理的原则，在上级政府人口与计划生育部门主管下开展工作，这也是社区管理的一项内容。

2. 社区卫生管理

社区卫生主要是指社区的卫生保健，而区别于社区的环境卫生。社区卫生工作是为了保证社区居民的身心健康，采取的手段主要是疾病预防、老年人保健、健康教育、计划生育服务、妇幼保健、心理咨询、社区康复等。当前城市社区都按要求设立了社区卫生服务站点，统称为社区卫生服务室，以方便群众就医，实现“小病去社区，大病去医院”的目的。近年来，我国社区卫生事业正在不断改善。

3. 社区文化管理

社区文化主要有三个方面的工作内容：一是社区要不断完善公益性群众文化设施；二是依托文化设施开展关于文化、教育、体育、科技、法制、娱乐等活动；三是利用社区资源，加强社区居民的思想道德教育和精神文明建设。社区文化建设的目标是为了营造健康向上、文明和谐的社区文化氛围。

4. 社区环境管理

社区环境管理的基本内容，就是要净化、绿化、美化社区，也就是说，要保持社区的干净整洁，加强市容市貌管理，达到卫生社区的标准；保持或增加社区的绿化保有量，做好社区的园林绿化工作，创建绿色社区的标准；社区环境优美、布局合理，达到美化社区的目的。同时，要加强社区居民的环境保护教育，增强社区居民的环境保护意识。

5. 社区治安管理

加强社区治安管理，首先要建立健全社会治安综合治理网络，实现群防群治。社区成立由联系社区的责任民警指导、社区居委会干部负责、社区居民参加的社会治安综合治理委员会，这是一种群众性质的从事治安保卫工作的自治组织。当前许多社区都设立了社区警务室，负责社区治安管理工作，还包括消防及司法工作，如对于普通居民开展的消防及法制教育、法律咨询、民事调解工作，以及专门对刑满释放、解除劳教人员的安置帮教工作。

（二）社区人格教育及管理的界定

1. 内涵上的区分

根据社区人格教育的定义、内容，以及社区管理的概念与内容，不难区分出社区人格教育与社区人格教育管理两者在定义及内容上的区别，社区人格教育管理侧重社区管理，更多的是宏观层面，而社区人格教育侧重社区教育，更多的是微观技术层面。

2. 本质上的区分

虽然定义及内容有区别，但从本质上来说，社区人格教育是加强社区管理的一种工作手段、一项工作内容，社区人格教育属于社区管理范畴。更详细一点说，对社区人格教育活动过程的管理，就是社区人格教育管理。社区对未成年人进行健康人格教育，开展有关人格教育活动，就是社区未成年人健康人格教育管理，属于社区管理中“繁荣社区文化”的范畴。

三、社区未成年人人格教育的内容

社区是对未成年人进行人格教育的实施主体之一。社区人格教育，可以定义为，社区有计划、有目的地完善社区居民人格品质的教育活动。社区未成年人作为社区居民中的一部分，社区针对他们开展的人格教育活动，就是社区未成年人人格教育。

社区人格教育的内容十分广泛，既包括人类社会既有的文明成果，如文化、哲学、道德、伦理、历史、艺术等所有能展示美好人性的丰富的广博的内容，又包括心理学意义上情绪、情感、气质、兴趣、习惯等非智力因素的培养与养成。这些都是人类社会历史长河中产生的科学的、文明的成果，成为社区开展人格教育取之不尽、用之不竭的丰富题材与内容。人格教育的最终目的，是为了培养和塑造具有健全人格的社会合格公民，包括社区中的未成年人。

四、社区未成年人健康人格教育及管理的意义

（一）是构建和谐社会的迫切需要

加强社区未成年人健康人格教育及管理是构建和谐社会的迫切需要。构建社会主义和谐社会是一项长期的任务，需要一代人又一代人的共同努力。“民主法治、公平正义、诚信友爱、充满活力、安定有序、人与自然和谐相处”的社会，既是社会主义和谐社会的基本特征，也是构建和谐社会的总要求。一个社会当前是否和谐，很大程度上取决于全体社会成员当

前的思想道德素质，而一个社会能否在较长时间内和谐，则在很大程度上取决于未成年人的健康人格和思想道德水平。人格健全的青少年是国家的未来和民族的希望，是参与构建和谐社会的重要力量，他们的思想道德状况如何，不仅直接关系到亿万个家庭的和谐与幸福，而且也是衡量我们的社会是否和谐的重要尺度。

构建和谐社会的主体是人，如果作为主体的人内心不和谐，社会和谐就无从谈起。社会主义和谐社会目标任务的实现，需要具有高尚思想品质和良好道德修养的人来完成。社会主义和谐社会的构建既要有发达的物质基础，更需要高度符合和谐社会要求的人，培养造就这样的人就离不开未成年人健康人格培育。因此有必要把未成年人健康人格培养纳入构建和谐社会的要求与行动之中来考虑，积极影响未成年人健全人格的形成，推动未成年人健康人格的发展，不断提高他们的身体素质和道德修养，使未成年人成为国家和社会所需要的具有高尚人格的公民。在构建和谐社会这项大的系统工程里，积极探索未成年人健康人格培养的理论，总结其经验，建立一定的模式加以推广，就显得十分必要。所以，关注未成年人道德人格培养，就是关注构建社会主义和谐社会的基础。培养好未成年人，就是造就了未来和谐社会的建设者，就是为构建社会主义和谐社会提供了积极的主体基础。从全面建成小康社会、构建社会主义和谐社会的层面讲，当前，培养和塑造具有健康人格的未成年人是我国青少年思想道德教育工作改革和发展的基本取向之一，未成年人健康人格教育势在必行。

（二）是未成年人心理健康发展的实际需要

加强社区未成年人健康人格教育及管理是青少年心理健康发展的实际需要。关心未成年人的健康成长，一是身体的健康成长，二是心理的健康成长。健康人格培养教育，关注的则是心理的健康成长。从理论上讲，弗洛伊德认为，儿童早期经验对于人格发展至关重要。在早期经验的作用下，会形成一个人长期的人格基本框架与基本特征。因此，抓好未成年人健康人格培养，让未成年人在较早的时期养成健康的人格，更容易让未成年人养成良好的人格和道德品质，更有利于未成年人在较长的一段时期心理的健康成长。而忽略或忽视未成年人健康人格，容易导致未成年人在成长阶段增加更多的烦恼，容易产生一系列心理问题或心理障碍。

从实际上讲，未成年人要实现健康成长，不能是“自生自灭”的，而要通过后天的教育加以引导。因为未成年人在成长过程中，由于心智尚不成熟，心理尚不健全，容易受到周边环境的影响，更容易发生类似“近朱者赤，近墨者黑”的效应。实践证明，道德人格教育有助于未成年人养成健康的人格品质。未成年人处在成长最快的人生阶段，主要任务是学习知识，因此也缺乏社会经验，从生理和心理上都还没有成熟。但同时，青少年时期的求知欲强烈，发展前景与潜力很大。如果在这个时期注重了健康人格教育，培养他们养成正确的学习观，养成积极向上的心态，养成坚忍不拔的毅力，就有助于进一步发挥他们的潜力，让他们获得更好的前景。健康人格教育可以通过培养未成年人良好的态度、动机和人格特征，从而间接地促进他们知识技能的获得和智力的发展，并最大限度地促进未成年人发展潜力的发挥。

（三）是学校及社区教育的重要构成要件

未成年人教育要走“面向世界、面向未来”的道路，但如果关起门来进行教育，培养出来的可能就只是温室里的花朵，经不起社会的风雨，应该树立开放的观点，着眼国家与社会发展大局，培养出能经受住社会风吹雨打的参天大树。不可否认，不论是学校，还是社区，都承担着对未成年人进行教育的职责，不仅教授知识，而且也要教育道德与人格。学校不能把道德与人格教育的担子推给社区，社区也不能完全依靠学校对未成年人进行道德与人格教育。学校是对未成年人进行教育的主阵地，对未成年人进行健康人格教育，首先要从学校开始，在认识上学校不可忽视，在责任上学校不可推卸。社区是未成年人生活的主要场所，一年 365 天，除去学校生活，未成年人有很多天在社区生活，因此，社区发挥优势，对未成年人进行健康人格教育，具有时间、空间上的优势。如果健康人格教育在社区中不被重视、不被强化，甚至社区本身的社会氛围不佳，那样未成年人在学校所受的健康人格教育的效果也会大打折扣。较好的方法是，学校与社区都把未成年人健康人格教育纳入各自的教育范畴，通过不同的方式，依托不同的载体，发挥不同教育者的作用，对未成年人在不同的时间、地点施加共同的教育目的，即在注重文化知识学习教育的同时，注重未成年人健康人格教育。因此，从这个层面来看，健康人格教育是学习及社区教育的重要构成要件，两者相辅相成、缺一不可。

（四）是社会主义核心价值体系教育的题中之义

社会主义核心价值体系包括四个方面的基本内容，即马克思主义指导思想、中国特色社会主义共同理想、以爱国主义为核心的民族精神和以改革创新为核心的时代精神、以“八荣八耻”为主要内容的社会主义荣辱观。未成年人是社会主义事业的未来接班人，对未成年人进行健康人格教育，是社会主义核心价值体系的题中应有之义，必须紧紧围绕社会主义核心价值体系来展开。

培养未成年人健康人格，要在未成年人中开展中国特色社会主义的理想信念教育。中国的发展，必须坚持中国特色社会主义的发展方向。对于未成年人的发展来说，理想信念就如同大海中的灯塔，指示着前进的方向。当前，不少未成年人缺乏对中国特色社会主义的认识。要通过理想信念教育，让未成年人把个人的理想抱负融入建设中国特色社会主义的伟大事业中去，把自己的聪明才智全部奉献给中国特色社会主义伟大事业，并为共产主义理想而努力奋斗。

培养未成年人健康人格，要在未成年人中开展爱国主义教育。有国才有家，国富才能民强，国泰才能民安。加强未成年人爱国主义教育对于健康人格的形成多么迫切和需要。要通过爱国主义教育，使未成年人自觉把个人的命运和国家的命运紧密相连，树立为国争光的观念和以国为荣的自豪感，做到把国家的利益看得高于一切，让“爱国”贯穿自己的一生。

培养未成年人健康人格，要在未成年人中开展改革创新的时代精神教育。难以想象，一个只会因循守旧、不思进取的民族会成为具有改革创新意识的民族。只有改革创新，社会才能不断进步，经济才能持续发展。要通过时代精神教育，使未成年人看到改革开放所带来的巨大变化，知道幸福生活从哪里来；使未成年人切实看清国际国内形势，知道社会稳定有多重要；使未成年人辩证看待现实问题，知道改革发展始终是第一要务，从而树立起改革创新意识，解放思想、积极进取、永不自满。

培养未成年人健康人格，要在未成年人中加强社会主义荣辱观教育。社会主义荣辱观的核心是道德与信念，“荣”与“耻”其实就是是否具有健康人格的分水岭。要让未成年人养成健康的人格，加强社会主义荣辱观教育十分重要。在社会主义荣辱观教育过程中，要强化中华传统美德、职业道德、家庭美德、个人品德的教育，这些方面综合起来，才能使未成年人养成健全的、健康的人格，才能在未成年人中形成知荣辱、讲道德、做奉献、促和谐的良好社会风尚。

第二节　社区未成年人健康人格教育与管理现状

一、社区未成年人健康人格教育管理存在的问题

（一）社区未成年人健康人格教育管理面临消极的外部环境

随着我国对外开放的进一步扩大，社会主义市场经济的深入发展，我国社会经济成分、组织形式、就业方式、利益关系和分配方式的日益多样化，为未成年人的全面发展创造了更加广阔的空间，与社会进步相适应的新思想新观念正在丰富着未成年人的精神境界，为未成年人了解世界、增长知识、开阔视野和全面发展创造了更为有利的条件。与此同时，国际敌对势力也利用各种途径加紧对我国未成年人进行思想文化渗透，某些腐朽没落的生活方式、拜金主义、享乐主义思潮对青少年的影响不能低估。境外敌对势力加紧了对我国进行“西化”“分化”的步伐，他们利用影像制品、互联网和特殊的交流活动，竭力宣扬西方社会的生活方式和所谓的民主自由，向广大未成年人灌输他们的价值观念。互联网作为连接国内与国

外思想、观点、信息的一条“快车道”，在给未成年人学习和娱乐开辟了新的渠道的同时，某些腐朽落后思想和有害信息也通过网络在青少年当中传播、影响甚至腐蚀着未成年人的心灵。从这个方面看，互联网增加了消极的外部环境的复杂性。

（二）社区未成年人健康人格教育管理的内部环境不容乐观

从内部看，社区未成年人健康人格教育的内部环境也不容乐观。我国经济社会发展一日千里，日新月异，经济的快速发展加快了社会的转型，人们的价值观念也随之发生改变，当前，我国正处于思想大活跃、观念大碰撞、文化大交融的时代，先进的健康的文化与封建的腐朽的思想并存。一些道德失范，诚信缺失、假冒伪劣、欺骗欺诈的状况及腐朽没落的生活方式有所蔓延；一些地方封建迷信、邪教和黄赌毒等社会丑恶现象沉渣泛起，成为社会公害；一些成年人价值观发生扭曲，受拜金主义、享乐主义、极端个人主义思潮的影响，个人欲望滋长，以权谋私等消极腐败现象屡禁不止。所有这些，都给青少年的健康成长带来了不容忽视的负面影响。未成年人的成长总趋势是好的，但更应看到问题，那就是未成年人正处在成长时期，身心发展尚处在由不完善到逐步完善的发展阶段，面对种种谣言、诱惑、误导，很容易出现误信、误传、误行，甚至有的走上违法犯罪道路。这些问题与现象的存在，使未成年人健康人格教育面临着许多新的课题与难题。

（三）社区未成年人健康人格教育管理的深度和效果不足

经工作调查和考察研究，目前国内未成年人社区健康人格教育开展的层面还不广，活动的深度、效果还存在不足。一方面是由于当前在校中小学生的课业负担普遍较重，课余时间又被各种各样的补习班占用，缺少充足的时间参加社区活动、接受社区教育。另一方面，由于学生及家长对社区教育在认识上存在误区，将课内学习与课外活动人为分离、将学习成绩与人格品德人为分离，认为课外活动与人格教育在学生的整个学习生涯中并不重要，甚至参加社区活动与教育就担心会影响到应试课程的学习和成绩。家长和学校忽视了社区的教育，而社区本身也没有开发出更大的教育潜能。长期以来，未成年人健康人格教育以学校为基本载体，政府主管部门对社区内物质资源、人力资源、文化资源等有效资源进行充分整合和挖掘利用，从侧面削弱了社区未成年人教育的力量。这样一来，社区在未成年人教育方面的管理体制机制、观点观念、方式方法还不够完善、缺乏科学性和系统性，开展未成年人健康人格教育缺乏创新思维、缺乏吸引力，不能适应广大未成年人的需要，其效果自然也就大打折扣。

二、社区未成年人健康人格教育管理存在问题的原因

整体上看，当前在社区开展未成年人健康人格教育，与社会的进步、青少年的发展要求相比，还存在不相适应的方面，分析其原因，主要在于如下四个方面。

（一）思想观念陈旧

对未成年人直接进行健康人格教育的教育者并不是唯一的，大的方面看，有未成年人的家长，包括父母、长辈等亲人；有未成年人学习工作场所的教育者，如学校的教师、工作场所的有关上级；还有社会层面的教育者，如社区工作者、社区志愿者、未成年人教育专家等，还包括有关未成年人成长的组织的工作者，如共青团、关心下一代工作委员会、未成年人思想道德建设委员会等。这些在未成年人健康人格培养过程中充当教育者的身份角色、知识理念是不尽相同的。对于这些与未成年人健康人格培养相关的教育者来说，他们对于未成年人健康人格培养的目标、手段、内容、重要性等方面的观念与认识尚未完全统一、存在局限，不能适应当前未成年人日新月异的思想观念变化与要求。当前，继续采取相对简单的、传统的、老旧的、单一的手段对未成年人进行灌输式的教育的情况还较普遍存在，缺乏明确的教育目标，教育内容较少，效果就会相对有限，甚至有的青少年会因此产生逆反的心理。这就要求，社区在开展未成年人健康人格教育的过程中，首先要从当前青少年成长的思想观念出发，站在未成年人的角度思考问题，实现换位思考，充分依据科学的理论与理念，有针

对性地对未成年人进行健康人格教育。

（二）能力素质不足

前面谈到了从事未成年人健康人格培养工作的教育者的思想观念局限，是社区未成年人健康人格教育存在问题的原因之一。同时，这些教育者自身的道德素质和教育能力水平存在局限，不能适应当前青少年成长更加丰富的知识信息的变化与需求。教育者的能力与素质的高低也是问题存在的因素之一。如今的时代，是一个“信息爆炸”的时代。如今的青少年，不论在学校、家庭还是身处社会之中，每天都会接收到来自世界各地的知识与信息，知识与信息量很大，人们普遍感受现在信息时代的青少年相比以前更加聪明。这就要求，直接从事未成年人健康人格培养的有关教育者，也要与时俱进，加强学习，储备知识，走在时代的前列，这样再面对未成年人进行教育，才不会出现知识贫乏、教育起来吃力的情况。

（三）理论研究欠缺

社区未成年人健康人格的理论研究的科学水平存在局限，不能适应当前青少年成长复杂多样的人格心理的变化与需求。虽然许多学者做了很多关于健康人格、道德人格与健康心理等方面的研究，但大多都只是从一个侧面进行研究和阐述，有的偏重于理论性缺乏可操作性，有的偏重于实践缺乏理论的指导性，用以指导社区开展未成年人健康人格教育的论著和研究成果还相对较缺乏。目前，我国对未成年人社区教育的研究，主要是以实践经验的提炼和总结为主，缺乏理论与实践的结合，有的理论研究缺乏一定的系统性和深刻性，另外，许多理论研究者本身并不直接从事社区教育工作，更多的从事学校教育工作，两种工作间的差异性导致这样的研究成果谈不上是完备的理论，就起不到理论的开拓、创新与指导作用。有的理论研究，甚至停留在一些基本概念上，局限于在理论刊物上发表研究成果，注重文章发表的同时，也就注定了轻社会实践、缺亲身体验，这样的研究就很难为日新月异的青少年成长教育的开展提供有力的理论与技术支持。与此同时，一些在未成年人社区教育实践中积累了丰富经验的基层工作者，并没有及时地形成新的理论或思路，再加上行政地域区划的分割，削弱了其成功的经验在较大的范围内进行推广的可能性。

(四) 社区存在差异

不同的社区具有不同的特点，不同的社区开展的社区教育，也必然具有不同的特色。社区事务千头万绪，因地理位置、认识程度、政策依据等不同，开展社区教育的力度与效果也会有区别。当前不同的社区在进行未成年人健康人格教育问题上，在政策制度、内容形式、手段方法、队伍组建、经费投入等方面都呈现出不平衡的情况，还有许多与时代的要求、青少年的需求不相适应的地方。因此，从社区管理层面来看，找出社区在加强未成年人健康人格教育方面的共性和具体路径，适当地加以提炼和归纳，使之成为社区开展未成年人健康人格教育时必须考虑的因素和可以借鉴的参考，也就显得十分必要。

第三节 社区未成年人健康人格教育与管理路径

一、树立先进的现代教育理念

加强社区未成年人健康人格教育管理，不论是宏观层面上的社区管理者，还是微观层面上的社区教育者，作为未成年人健康人格教育的相关者，都要树立现代化的教育理念。有人把现代的教育理念细分为以人为本理念、全面发展理念、素质教育理念、创造性理念、主体性理念、个性化理念、开放性理念、多样化理念、生态和谐理念以及系统性理念十个方面。加强社区未成年人健康人格教育，同样需要教育者树立现代教育理念，尤其要树立以人为本的理念、素质教育的理念和创新教育的理念。

(一) 以人为本的理念

以人为本是科学发展观的核心。我们今天所处的时代已经进入了以人为本的时代。对未成年人进行健康人格教育，自然也要体现以人为本的时代精神。树立以人为本的教育理念，就是要遵循科学发展观的哲学规律，尊重未成年人成长成才的社会规律，在教育过程中重视青少年成长、理解青少年成长、尊重青少年成长、爱护青少年成长，提倡平等、民主、宽容、和谐。中国关心下一代工作委员会在工作方针中提出，要想“青少年所需”，就是要各级开展未成年人教育工作的组织按照以人为本的理念，关注未成年人现实的物质与精神需要，一切以未成年人为中心，为未成年人办实事、做好事，解决未成年人在成长过程中遇到的困难与问题，并在尊重未成年人个性的前提下，发挥未成年人作为主体的能动性，充分挖掘未成年人的潜力与才能，提升与发展未成年人的自尊自强意识与思想道德水平，实现未成年人与家庭、学习、社会和谐共处。培养未成年人的个性，尊重未成年人的个性，符合以人为本的理念，对于未成年人健康人格培养将产生重要的影响。

（二）素质教育的理念

如同学校教育要坚持素质教育的理念一样，社区对未成年人的健康人格教育同样也要坚持素质教育的理念。这就要求，在对未成年人进行健康人格教育的过程中，不能采取简单的知识传授的教育方法，更要注重在教育的过程中转化青少年的思想道德素质，培养未成年人的实践动手能力，使其内化为未成年人健康人格的一部分。素质教育的目标，是人的全面发展。人的全面发展，从宏观看，是知识、能力与素质的全面协调发展，从微观看，是“德、智、体、美、劳”五个方面的全面和谐的发展。对未成年人进行健康人格教育，一定要树立素质教育的理念，要对照全面发展的标准，找出素质上的短板与不足，进行针对性的教育与引导。

（三）创新发展的理念

时代在变化、在进步、在发展，科学技术日新月异，知识信息一日千里，未成年人也每时每刻在成长变化，日益呈现出多样化的特点，这也就要求，对未成年人进行健康人格教育，必须树立创新发展的理念，不断创新未成年人喜闻乐见、乐于参与的教育形式、手段和载体，实现寓教于乐、寓教于知、寓教于行。树立创新发展的理念，也包括要培养未成年人的创新精神、创新能力，使创新精神成为未成年人健康人格的一部分，使创新能力成为未成年人素质的一部分。树立创新发展的理念，还包括在对未成年人进行健康人格培养的过程中，整合各种教育资源，开放各种教育内容，分享各种教育方法，推广各种教育的成果经验，以推动社区未成年人健康人格教育工作不断向前发展。

二、组建合格的未成年人培育队伍

在社区，未成年人健康人格培养的队伍，必须在时间上能够经常接触未成年人、在空间上能够近距离教育未成年人、在情感上能够主动关爱未成年人。这样看来，在社区组建配备一支合格的未成年人健康人格培养队伍，必须包括未成年人身边的家长、教师、社区的“五老”和专业的社会工作者。

（一）发挥家长学校的作用

未成年人的成长、成才，在很大程度上取决于家庭环境和家庭教育。目前家庭教育是一个非常薄弱的环节，存在着很多不符合教育规律和未成年人成长规律的问题。有的父母自身表率作用不够，给未成年人造成许多不良影响；有的家长对子女期望值过高，给未成年人造成很大思想压力；有的家长对子女过分溺爱，造成未成年人娇生惯养；有的家长教育子女方法粗暴简单，造成未成年人生理或心理出现障碍。有的家长虽然没有上述问题，但有一个更普遍的现象，那就是重智育轻德育，重知识轻素质，只要成绩好，其他都不重要。这些问题都表明，许多家长在教育引导未成年人健康成长方面缺乏基本的知识和相应的能力。面对这一现状，要培养教育好未成年人，首先要转变家长的观念，提高家长的素质。转变家长观念、提高家长素质的最直接、最有效的办法就是社区以家长学校为阵地，以家长学校的师资队伍为力量，充分发挥家长学校教育学生家长的作用，让家长学习、促家长提高。通过充分发挥家长学校的作用，既使家长懂得了新的教育理念和科学的教育方法，又使教师自身认识得到提高；既使亲子之间的关系更加密切，又增进了教师与家长之间的联系，达到了教学相长、一举多得的目的。

（二）发挥社会工作者的优势

社会工作遵循“助人自助”的价值理念。开展社会工作的过程是一种助人的活动的过程。社会工作是一种规范的专业名称，属于社会学学科下的分支学科，社会工作也指一种专门的职业，从事这项职业的人就是社会工作者。

社会工作者队伍基本上由三部分人组成，一是从社会工作专业毕业并取得社会工作专业学位者；二是能面对未成年人、老年人、其他特殊人群，采取个案、家庭、小组、社区社会工作专业方法进行介入并完成工作任务者；三是在职业上从事与社会工作相关事务的基层工作者。在社区的社会工作者，主要是第三种情况。在社区，社会工作者的人员构成包括：一是具有社区工作经验、直接从事社区各项社会性事务的工作人员，这类人员也可以成为社区工作者，属于社会工作者的范畴；二是社区聘请的专业的社会工作者及社会工作服务机构，他们遵循专业的理念、采取专业的手段开展工作；三是具有社会工作理念与技能、或在专业的社工指导下开展志愿服务的社区志愿者。

社区的社会工作者队伍，对于培养社区未成年人的健康人格来说是一支专业的教育队伍，就如同在学校，教师是教育学生的专业队伍一样。社区要加强未成年人的健康人格教育，就必须紧紧依靠这支专业的队伍，遵循专业的理念，采取专业的方法技能，对未成年人进行专门的教育。未成年人社会工作关注的两大主题是未成年人发展与未成年人问题。未成年人发展包括未成年人健康人格的发展；未成年人问题也包括未成年人人格形成的问题。从这两个方面来看，未成年人健康人格的培养是未成年人社会工作必须直面的重要内容，未成年人社会工作者在培养未成年人养成健康人格方面既有专业的优势，同时又具有不可回避的职责。

（三）发挥社区关工委组织及“五老”的优势

在社区进行未成年人教育，有一支不可忽视的力量，那就是社区的关心下一代组织，即关心下一代工作委员会，简称关工委。中国关工委是中央领导同志为适应培养教育未成年人健康成长的需要而建立的。地方各级关工委是在同级党委政府领导下，以关心下一代健康成长为目的的群众性工作机构。近年来，中国关工委提出“急党政所急、想青少年所需、尽关工委所能”十七字工作方针，已实际上成为各级关工委的工作宗旨。从组织结构上，关工委的委员由宣传、教育、司法、文化、科技、老干等单位和共青团、妇联、工会等群团组织的在职领导组成，成员以“老干部”“老战士”“老专家”“老教师”“老模范”为主体，在基层，还可以延续到老社区干部、老党员等老同志，只要热心帮助教育未成年人健康成长的老同志都可以成为关工委的一分子。目前，中央到地方的各级机关、学校、社区、企业都普遍成立了关工委，形成了全国性的组织网络。从组织职能上讲，关工委是党和政府组织教育未成年人的参谋和助手，负有指导、组织、配合、协调、推动关心下一代工作的职能，不同于其他涉老群众组织。综上所述，从工作宗旨、组织结构和组织职能三个方面来讲，关工委具有组织协调的优势，具有义不容辞的责任，社区依托关工委培养未成年人健康人格大有可为。发挥社区关工委的优势，关键在于充分发挥关工委的主体力量，即社区“五老”的资源和优势。做未成年人工作，每个社会上的人都有责任，“五老”更有优势。优势在于：“五老”见识多，对未成年人进行健康人格教育具有更深刻的说服力；“五老”阅历深，对未成年人进行健康人格教育更具有历史的穿透力；“五老”党性强，对未成年人进行健康人格教育更具有生动的感染力；“五老”威望高，对未成年人进行健康人格教育更具有广泛的影响力。

三、创造丰富的教育形式与载体

对未成年人进行健康人格教育，制度和队伍是前提，教育的形式是关键。对未成年人进行健康人格与道德教育，要利用一切可以利用的场合，运用一切可以运用的手段，借助一切可以借助的渠道，动员一切可以动员的力量。只有采取丰富多彩的、未成年人喜闻乐见的教育形式，才能真正让健康人格培养收到实效、产生影响。

（一）采取多样的形式进行未成年人健康人格教育

对未成年人进行健康人格教育，要用历史的眼光、亲身的感受、身边的事例、通俗的语言，采取作报告、谈感受、讲故事、传箴言、搞活动等形式，坚持寓教于理、寓教于乐，让广大未成年人愿意接受、乐于参与，确保取得实效。

1. 作报告

以健康人格为主题，组织专家、教师、社区工作者、“五老”等教育者对青少年群体进行授课辅导，举办专题报告会，从历史与现实、国际与国内等不同角度激发青少年饮水思源、报效祖国的崇高情感。作报告要突出情景再现，以增强报告的吸引效果。

2. 谈感受

采取集体座谈和个别谈心等方式，由教育者结合自己的亲身经历，与未成年人谈理想信念，谈人生追求，谈社会变迁，谈生活感悟，引出各种话题，引发未成年人思考。教育者可以深入未成年人当中，促进青少年快乐成长、健康生活。谈感受要突出交流互动，以增强心灵的贴近效果。

3. 讲故事

教育者要通过一个个历史故事、革命故事、道德模范故事，传承党的优良传统和中华民族的优秀品质，让未成年人在耳濡目染中受到教育和启发。讲故事要突出寓意深刻，以增强故事的感染效果。

4. 传箴言

就是利用青少年熟悉的名言警句、格言谚语，结合身边的人、身边的事，生动诠释健康人格的多重内涵与多种内容，使广大未成年人以此鞭策自己，砥砺奋进。传箴言要突出人生哲理，以增强箴言的激励效果。

5. 搞活动

除了上述方式，教育者还可以带领未成年人开展课外阅读活动、主题征文活动、观摩实践活动、故事会、红歌会等文艺宣传活动，使未成年人在活动的过程中接受文化的熏陶，接受教育的洗礼，聆听历史的声音，感受厚重的文化。搞活动要突出生动有趣，以增强活动的启发效果。

（二）策划多样载体进行未成年人健康人格教育

开展任何活动，都需要有合适的载体和可靠的平台。对未成年人进行健康人格教育，对于载体的需要也不例外。

根据青少年的实际需求策划载体。总体的原则是，针对未成年人的所思、所想、所需，搭建可靠有效的教育平台，使教育的内容和方式贴近实际、贴近未成年人、具有针对性。依据未成年人社会工作理论，未成年人的主要需求在于对发展的需求与对问题解决的需求两个方面。对于有发展需求的未成年人来说，可以提供成长辅导、社会生活辅导、自我发展训练、健康交往、社会适应训练等载体，以促进未成年人的全面发展。对于需要解决问题的未成年人来说，可以为他们提供偏差行为纠正、困难生活照料、越轨行为预防、人际交往障碍训练、特殊未成年人服务等专门的载体，以预防未成年人出现问题并解决已经出现问题。

根据教育的具体内容策划载体。如，对未成年人进行健康人格教育时，在讲述理论或专业性较强的内容时，可以采取“互动式”的方法，为教育者与受教育者搭建释疑解惑的载体。在向青少年讲述党的历史或本地风景名胜时，可以采取“现场式”的方法，组织未成年人到现场参观、重温革命奋斗电影、采取网络播放等形式，为教育者与青少年搭建一种身临其境的载体。在进行思想道德教育时，可以采取“感召式”的方法，用先进的典型教育和影响人，为未成年人搭建起一种见贤思齐的载体，并突出社会主义核心价值体系这个根本，使未成年人树立高远目标，具备为祖国献忠心、为他人献爱心、为社会献诚心、为长辈献孝心的健康人格。在进行公民意识教育时，可以采取“渗透式”的方法，把公民意识教育融入未成年人的生活当中，搭建起一种潜移默化的载体，突出增强未成年人的大局意识、责任意识、规则意识，引导未成年人正确处理好个人与集体、权利与义务、奉献与索取等方面的关系，实现寓教于乐、寓教于行。

根据教育方式策划载体。不同的社区、不同的人，采取的教育方式也会有所不同，这时，就需要各社区从未成年人的具体需要出发，设计和采取相应的活动形式，根据实际情况创新不同的活动载体。社区可以把未成年人健康人格教育作为一项主题活动来开展，在主题活动的总体要求下，开展倡议、征文、社会实践等多种形式的教育活动，主题活动就成为一个大载体。如果不便于开展集中的活动，还可以通过手机短信、社区展览等方式辅助培养未成年人的健康人格。

四、形成良好的未成年人教育机制

要营造开展社区未成年人健康人格教育的教育机制，就要从教育制度的确立、教育重点的确定、先进经验的推广三个方面形成机制。

（一）确立社区开展未成年人健康人格教育的制度

从中央到地方，不论哪级政府，都可以在调查研究的基础上，探索在社区进行未成年人健康人格教育的实践，形成在社区进行未成年人健康人格教育的有关制度。可以通过文件的形式把制度固定下来，统一各社区对未成年人健康人格教育的认识，并在社区将这些制度上升到政策的高度来开展未成年人健康人格教育。对于有关制度的文件的具体内容与形式，各地在调研的基础上撰写出的具体制度可以不同，但从共性上讲，建议包括如下五个方面的制度：一是领导负责制度。即明确社区的党委一把手是未成年人健康人格培养工作的主要负责人，分管未成年人工作的社区干部是抓好这项工作的直接责任人；社区党委书记向上级街道、乡镇党委书记负责，定期汇报这方面的工作。二是主体队伍制度。即，在社区明确一支抓未成年人健康人格教育的队伍，成员可以包括，学校的老师、学生的家长、社区的“五老”、人格培养方面的专家等。要明确队伍的负责人，选举有时间、有能力、有爱心的人士成为队长，并对这支队伍建立花名册，将每名未成年人都纳入队伍成员的工作对象中，实现每一名未成年人都有教育帮扶的具体联系人。三是考核评价制度。要将社区的未成年人健康人格教育工作，纳入社区当年的绩效考核范畴，定期考核、定期评价。要将媒体报道率、未成年人违法犯罪率等关键概念纳入考核指标，纳入社区干部的全员绩效考核，推动形成全体社区干部重视未成年人工作，尤其是健康人格培养工作的氛围。四是定期活动制度。未成年人健康人格培养，光有这样或那样的制度还不行，最主要的还是要建立定期活动制度。要在制度中规定，社区在一年的时间范围内，要开展多少次未成年人健康人格教育、活动要达到什么样的规模和效果、必须有多少人次的未成年人参加活动等等，都要予以明确。五是经费保障制度。要从社区工作经费中，专门列支一项未成年人教育经费，用于支持社区开展未成年人健康人格教育，并保障开展活动所需的场地、设备。

（二）明确社区开展未成年人健康人格教育的重点

从不同标准上看，马斯洛为健康人格建立了十二项标准，世界卫生组织制定了十项健康人格的标准；从中外对比来看，关于健康人格教育的重点众说纷纭，有的强调良心的作用，有的强调“仁爱”“兼爱”；从教育范畴来看，有的认为思想道德教育要放在首位，有的认为心理教育值得重视。到底什么才应该是我国当前社区教育的重点？结合我国未成年人的实际，在社区进行未成年人健康人格教育，重点在于以下三点：一是优秀的道德品质。曾子说：“吾日三省吾身，为人谋而不忠乎？与朋友交而不信乎？传不习乎？”意思是，要每天多次反省自己，为别人办事尽心了吗？与朋友交往讲诚信了吗？老师所传授的学业温习了吗？青少年就应该具备曾子这种“一日三省”的品质，无论是办事、交友还是做学问，都要诚实、守信、勤恳，这些优秀的道德品质，应该成为未成年人健康人格培养的重要内容。二是较强的适应能力。是否具有较强的适应能力，是人格是否健康的基本标准。健康人格的发展过程，就是人与环境能否相适应、相协调、相平衡的过程。培养未成年人具备较强的适应能力，就要使他们较快地适应自己所处的各种环境，具备在各种恶劣或不利的环境中的坚强承受能力。如，在生活中遇到困难、挫折或突发事件时，能沉着应对；在对待考试、升学、落榜等实际问题方面，能以积极的态度和合理的方式予以正确处理；在面对“物竞天择，适者生存”的竞争法则时，具有“做自己生活的主人”的自信和能力；在心理调适方面，能不断调节情绪并运用有效的方法解决现实中遇到的问题，不断协调自己与他人、自己与社会、自己与大自然等的关系。作为未成年人，也要把自己置于群体之中，善言广交，与人亲近，从小融入家庭，融入集体，进而融入社会，勇于面对现实困境，敢于改造外部环境，以达到自我价值与社会价值的协调统一。三是良好的心理素质。未成年人处于学习阶段，在学习的过程中，经常会遇到这样或那样的难题；未成年人同时又处于成长阶段，在成长的过程中，经常会遇到生理或心理上的困惑。未成年人心理素质的好坏，直接影响他们学习效果的高与低、直接影响他们学习成绩的好与坏、直接影响他们考试的水平发挥和人际的交往发展。因此，对未成年人进行健康人格教育，要非常注重培养未成年人具备良好的心理素质，养成良好的学习习惯，如科学安排学习任务、“今日事今日毕”、上课认真听讲、善于独立思考、“举一反三”、善于总结归纳等好的学习方法与习惯。这些良好习惯的养成，绝非一朝一夕之功，须有锲而不舍、持之以恒的精神。这些良好习惯一旦养成，也将有助于未成年人心理素质的提升。

（三）推广社区开展未成年人健康人格教育的经验

不同的社区，在开展未成年人健康人格教育方面，有不同的办法、不同的效果、不同的进展。有的社区开展这方面的教育走在前列，有的实现了工作的创新，有的可能还在探索与摸索之中，有的还可能缺乏这方面的实践，更谈不上有经验。这样的情况下，就有必要在各社区之间开展观摩、学习，对好的经验进行推广。推广社区在未成年人健康人格教育方面的经验，可以从三个层面来展开：一是未成年人的典型。有的社区中的未成年人，由于家庭、老师或社区的有效教导，道德表现比较好，是周边未成年人学习的榜样，这样的未成年人，社区可以在青少年群体之中大力推介宣传，也可以将优秀青少年树为典型，向其他的社区或者上级有关部门推荐，以达到号召广大未成年人学习的教育目的。推广社区优秀未成年人典型的同时，其实就是对社区教育效果的肯定，就是对社区教育的最好宣传。二是教育者的典型。这是指社区主体队伍中的佼佼者、教育工作卓有成效者。许多工作在未成年人工作一线的教育者，如教师、社会工作者、社区专职工作人员、社区“五老”等，都可能是这方面的典型，大力宣传推广他们的先进典型事迹，同样十分重要。三是社区层面的典型。指推广社区在系统部署谋划未成年人健康人格培养工作中的有效经验，如社区从制度层面较好地保障了教育工作开展的经验；社区从活动层面较好地开展了有成效的教育实践活动的经验等，这样的典型经验可以在总结提炼的基础上，在不同的社区之间进行推广学习。

五、营造和谐的未成年人教育环境

（一）营造健康宜居的居住环境

未成年人健康人格的形成，绝不是一蹴而就，而只能是潜移默化、日积月累、耳濡目染。未成年人除了在学校学习，经常在社区居住和生活。社区及周边的社会文化环境如何，直接对未成年人及其家庭产生熏陶与影响，影响未成年人健康人格的形成。关于健康良好的居住环境对未成年人具有重要影响的例子不胜枚举，让人最熟悉的莫过于“孟母三迁”的典故。孟母三迁，最终选择的是有利于孟子健康成长的环境，再加上孟母“断织教子”的正确方法，终于使孟子成为儒家思想之集大成者。

社区营造健康良好的居住环境，其底线是抵制低俗、排斥丑恶的行为，对社区内可能存在的“黄”“赌”“毒”现象零容忍。在社区的各类场所，决不允许有黄色书籍、黄色影碟、黄色服务场所等涉“黄”物质与产业链的存在；决不允许有老虎机、赌场、影响学习的游戏机等涉“赌”物品的存在；决不允许有摇头丸、冰毒等涉“毒”物质的存在。此外，还要注意防止未成年人进入网吧的问题。社区营造健康良好的居住环境，较高的标准是推动全社区形成积极健康、乐观向上的氛围。

（二）塑造友爱互助的同伴群体

未成年人在成长阶段并不是孤立的，除了学校、家庭、社会，与未成年人朝夕相处更多的，就是同伴群体，或称朋辈群体。同伴群体对未成年人的学习、认知、心理和品格都有着重要的影响。青少年除了在某些固定的场合，如学校、社区接受教育，更容易在与同伴群体的交往中，学习知识、养成习惯、认知社会。社区对未成年人进行教育，不仅塑造的是作为个体的未成年人，更要重视作为群体的未成年人，即未成年人的同伴群体，对他们从整体上进行了解并进行针对性的教育。首先要充分重视同伴群体的积极作用，让未成年人养成关爱他人的习惯，进而增强社会责任感，增强学生对关爱他人的直接感受和亲身体验，在友爱、互助的同伴群体中砥砺品格、实现价值。其次要培养友爱互助的同伴群体。在一般情况下，同伴群体的性质是优秀的，未成年人也会在各方面趋向优秀，若同伴群体有违法犯罪等行为，未成年人在其中也更容易受到不良的影响，甚至也怀着“从众”的心理走上违法犯罪的道路。从这个层面上讲，同伴群体的优与劣，会影响到未成年人个体表现的优与劣，也会影响到未成年人能否养成健康的人格。

（三）构建协调共建的教育模式

对未成年人进行教育，包括健康人格的教育，是全方位的、立体的系统工程。苏联教育家苏霍姆林斯基曾说过：“最完备的教育是学校教育与家庭教育的结合。”展开来说，最完备的教育是学校教育、家庭教育和社区（会）教育的结合。这是因为，从一般意义上讲，学校教育是主导，家庭教育是基础，社区教育是两者的延伸。只有学校、家庭和社区三方面紧密配合、相辅相成建立起同向、同步、合力的社会大教育网络，形成学校、家庭、社区“三位一体”的教育模式，才能发挥整体效益，取得良好效果。

家庭是未成年人最先接受教育的场所，也是认识世界的第一站，学校是传授文化知识和道德修养的主阵地，是未成年人从家庭走向社会的中间环节，而社区是与未成年人个人及家庭生活联系最紧密最直接的外部环境，是构建学校、家庭、社区“三结合”的重要载体。由社区承担的未成年人教育的责任，能够弥补家庭教育和学校教育的缺陷，达到让未成年人了解社会、热爱生活，并在生活中养成健康人格的目的。要实现学校、家庭和社区教育的无缝对接，关键是在依托社区的未成年人教育组织，如未成年人思想道德建设委员会、关心下一代工作委员会、共青团组织等，整合家长、学校、社会各方资源，加强与辖区内学校、妇联、工会、公安等部门的通力合作，共同营造未成年人健康人格培养的良好氛围。未成年人的健全人格是在学校与家庭、社区的相互作用中形成和发展的，人格教育应在学校与家庭、社区“三位一体”的互动配合中达到最好的效果。孩子除上学外，大多数时间在家庭和社区。家长对自己的孩子最关心，但在学习教育和人格培育方面可能经验不足。社区的未成年人教育组织与学校的教师经常与未成年人打交道，具备一定的未成年人教育的理论与实践经验，更容易了解未成年人在道德人格方面可能存在的问题。未成年人家长应当及时取得社区未成年人教育组织或学校老师的帮助和指导，通过有效的校、家、社区共同合作，更好更全面地帮助未成年人树立正确的世界观、人生观和方法论，掌握学习方法、学习各项技能、提升人格品质。

同样，社区、学校在对未成年人进行人格教育时，也应第一时间与作为未成年人监护人的家长进行沟通衔接，及时告知教育内容和教育方法，在取得支持的基础上，再针对具体情况进行教育就能取得更好的效果。如到了寒暑假，有的社区与学校、未成年人家庭主动联系，举办未成年人喜闻乐见的“道德讲堂”“环保小分队”“学雷锋志愿服务队”等活动，将未成年人假期在社区活动中的表现，作为新学期入学报到的道德证明发送到学校和未成年人的家中，在时间安排上，做到了“学校放假，社区开学”，对未成年人的道德人格培育实现了不间断；在地理位置上，因为在未成年人生活的社区中举办，位置很近，未成年人及其家庭参加活动很方便，保证了活动的效果。这样一来，就把学校、家庭与未成年人都连接了起来。社区、学校一旦发现未成年人思想有不良倾向时，就能及时进行教育，并及时把情况告知家长，从而能全面了解和把握未成年人的心理，及时给予正确疏导。因此，要创建协调的校、家、社区合作的氛围，推广总结“三位一体”的社会大教育的成功经验与做法，积极构建适应未成年人健康人格发展的灵活多样的教育模式，逐步形成学校为主体、家庭为基础、社区为补充的教育协调体系，做到相互配合，共同育人。

第六章

法制教育与未成年人健康人格的构建

未成年人人格健全与否不仅关系到未成年人自身的成长与成才，还关系到国家的发展和社会的稳定。近年来，未成年人因人格缺失而发生的恶性违法犯罪案件日益增多，大量的现实案例表明未成年人人格缺失犯罪与未成年人法制教育缺失、未成年人缺乏良好的法律素养有着直接的联系。法制教育作为思想政治教育的重要组成部分，在未成年人人格培养方面具有独特的优势。在构建社会主义法治社会的今天，我们应该重视法制教育对未成年人人格培养的作用，努力提高青少年的法律素养，促进未成年人全面发展。

第一节　法制教育对培养未成年人健康人格的功能

为了更好研究法制教育对未成年人人格培养的功能，首先要结合实际对当前未成年人法制教育情况以及人格现状进行了解。许多犯罪未成年人的人格存在缺失，而导致其人格缺失的重要原因就是其缺乏良好的法律素养，法律意识淡薄，对法律的重要性没有正确认识。有些犯罪未成年人虽然对法律有基本认识，但是他们的维权意识也不高，甚至相当一部分人对司法的公正性缺乏信心。正是由于缺乏良好的法律素养和较强的法律意识，未成年人在面对困难挫折的时候，不会运用法律思维进行理性的分析判断，结果导致悲剧的发生。因此，发挥法制教育对未成年人人格培养的功能，提高未成年人的素质，促进其全面发展是当前法制教育非常重要的任务。法制教育对未成年人健全人格培养的功能主要体现在四个方面：培养未成年人强烈的公民意识、帮助未成年人树立法治观念、引导未成年人树立正确的人生观价值观、培养未成年人坚定的法律信仰。

一、培养未成年人的公民意识

（一）公民意识的概念

作为现代社会意识中的一种特殊意识，公民意识是公民对自己在国家政治和法律生活中的地位的认识，在情感上对所属国家和特定社会群体的认同，在认知上对其自身公民身份所承担的责任、所享有的权利的了解。我国宪法对于公民的权利和义务作了严格的规定：凡具有中华人民共和国国籍的人都是中华人民共和国公民。中华人民共和国公民在法律面前一律平等。任何公民都享有宪法和法律规定的权利，同时必须履行宪法和法律规定的义务。可见，公民意识作为一个现代公民所应具有的社会意识，是公民对自身权利、义务的自觉认识，主要包括民主法治意识、主体意识、权责意识、公共意识等方面内容。

未成年人作为社会未来的中坚力量，其公民意识的强弱会直接影响我国民主法治建设以及和谐社会的构建。那么如何培养和树立未成年人的法律意识和权利义务观，已是当今社会、学校、家庭不容忽视的问题。

（二）我国未成年人公民意识存在的问题

随着中国社会主义现代化建设的深入进行，社会主义市场经济体制的不断完善，人们的意识也随着生活条件、社会关系以及社会存在的改变而改变。在物质生活水平不断提高的同时，相当多的公民能认识到自己作为社会的一员所具有的权利和应当履行的义务，在受到不法侵害时能拿起法律武器维护自己的合法权益。公民意识作为一种现代社会意识，在社会主义现代化条件下的发展呈现出积极向上的态势，但是在中国的传统文化及近现代政治经济因素等方面的影响和制约下，我国的公民意识也存在一些不容乐观的发展状况，公民意识的缺失十分明显，主要表现在以下几个方面：

1．未成年人法律意识淡薄

当前，随着建设法治社会的不断深入开展，依法治国的理念深入人心，我国公民整体的法律意识有了很大的提高。未成年人正处于人生成长发育的特殊阶段，他们的思维及情感与成年人不同，对事、对人的看法还没有完全成熟，很容易受到社会上不良因素和不良现象的影响。随着国家各种普法宣传活动的开展，当前未成年人对国家的基本法律有了一定的理解和认识，尤其是在校的未成年人有着很强的维权意识。

虽然未成年人的法律意识有了很大的提高，但是对于基本法律的具体规定却知之甚少。在现实生活中未成年人对法律的认识也表现出了一定的矛盾心理，首先，广大未成年人意识到了法律在日常生活中的重要性，但是由于社会上种种不良事件的影响，未成年人对司法部门的工作及其法律的公正性产生了怀疑。其次，未成年人意识到遵纪守法是作为国家公民应尽的义务，但是在现实生活中遇到问题时却又存有侥幸心理，不能做出正确的选择。最后，未成年人意识到了当前未成年人违法犯罪的严重危害性，但是又能以宽容的心态面对，有的时候甚至会效仿这些案件去处理事情。

目前中小学虽然都开设有法律基础课，但是受“应试教育”的影响，未成年人们基本都以所谓的“主课”为主，对法律基础课更多的是重学分，轻实效，一些家长甚至认为这样的课程是在浪费孩子的时间。正是因为家长和学生存有这样的思想，未成年人不可能有扎实的法律基础知识。这也是未成年人法律意识淡薄的主要原因，由于缺乏系统的法律知识使他们遇到事情容易做出错误的判断，当他们自己的合法权益受到侵害时，往往不会积极主动地用法律武器来维护自身的合法权利，取而代之的是以一种消极态度来对待，甚至放弃通过法律途径解决问题，而去采取报复手段来讨回自己的公道。

未成年人法律意识淡薄，最终导致了未成年人违法犯罪率逐年攀升，而且犯罪手段呈现多样化。由于法律基础知识薄弱，而社会对于法律的宣传又不够深入，再加上受社会生活中有法不依、执法不严、贪污腐败等不良现象的影响，使得一些未成年人缺乏守法的自觉性。因此，应加强未成年人法制教育的紧迫性。

2. 未成年人权责意识缺乏

随着国家普法工作的不断深入开展，当代未成年人已经具备了基本的权利义务认识和态度，大部分未成年人有着强烈的维权意识。在自身的合法权利受到侵害时，能够采取正确的方法维护自己的权利。但是在自身利益与他人利益、集体利益相冲突时，一部分未成年人还是趋向于维护自身利益，表现出了较为明显“自利”倾向。他们为了保护自己的利益不惜去冲破道德底线，甚至做出违法行为。而且这些未成年人为了维护自身利益，置社会公众的利益于不顾，对国家和社会提出不合理的利益要求。

权利与义务是相对应的，当前未成年人具备了一定的权利意识，但是对自己应尽的义务还没有较高的认识。他们一味地将享受权利扩大化，对自身应尽的义务认识较为肤浅，甚至认为尽个人义务是一种愚昧的傻瓜行为。由于有些未成年人权利义务观认识不到位，也带来了一系列的社会问题，比如有的未成年人一方面要求学校社会要实现其受教育权，而另一方面未成年人又不愿意遵守学校的校规校纪，违反校纪校规甚至法律的现象也越来越多等。由于他们还处于成长阶段，缺乏一定的社会协调能力，导致这些未成年人在进入社会后很难适应社会的生存规则。在高速发展的社会中，这些问题不能单靠学校教育来解决，还需要社会、家庭等各个方面的共同努力。青少年作为国家建设的接班人，除了应承担一般社会成员应尽的责任外，对社会及国家更负有特殊的责任。当前，由于受到社会中不良因素的影响，部分未成年人没有形成良好的责任意识，对待各种事情都表现出无所谓的态度，对生活中的一切也觉得毫无意义，自我责任感更是无从谈起。还有一些未成年人以自我为中心，只知道关心与自己相关的事情，对他人缺乏一定的责任感。

3. 未成年人道德意识淡化

未成年人正处于人生的成长阶段，他们的世界观、人生观还没有完全形成。因此，在社会发展过程中，社会上的各种现象及思想观点都会在未成年人身上有所体现。目前，在家庭和学校的教育引导下，大多数的未成年人都懂得尊老爱幼、助人为乐、拾金不昧、爱护公物、保护环境、遵纪守法、维护公共卫生等基本公德，而且在现实生活中能够做得非常好。但是在少数未成年人身上又存在着一些不尽人意的地方。比如在公共场所乱写乱画、乱丢东西、随地吐痰；在教室，课桌上写着各式各样所谓彰显个性的留言；课堂上，无视老师的存在，或窃窃私语，或大声喧哗、或酣然入睡；在图书馆，经常撕剪或毁坏报纸杂志等。所有这一切，与人们心目当中国之栋梁的未成年人形象相差甚远。

（三）法制教育对未成年人公民意识的培养

法律意识与道德意识是公民意识的重要组成部分，道德教育和法制教育，两者是相互促进、相辅相成的。未成年人法制教育是以培养其法制观念、法律意识、民主意识、法律信仰为目的的，是全面提高未成年人综合素质的内在需要，是公民意识教育的保障和核心内容，是减少未成年人违法违纪现象的强有力保障。在剖析未成年人违法犯罪的案例中，我们先不讨论他是否知法懂法，但做出这种行为的，他的人生观和价值观肯定是模糊和扭曲的。以道德教育为基础，以法制教育为保障，把当代未成年人培养成爱国守法、明礼诚信、团结友善、勤俭自强的优秀人才。

首先，法制教育的根本目的在于帮助未成年人培养良好的法律素养，树立依法办事的法治理念，促进其全面发展，为最终实现社会主义民主法治国家打下坚实的基础。在法治社会中，每个人都必须遵纪守法，依法办事，不能脱离法律按自己的意愿进行社会活动。通过法制教育，让未成年人对法治的观念、思想、精神、价值等有一定的理性认识，坚定依法治国、建设社会主义法治国家的信念。

其次，在一个民主制度健全的国家里，对一个人的公民意识的衡量，不仅要看其是否积极遵守社会规范，履行应尽的社会义务，还要看其是否具有权利主张的精神和勇气。通过法制教育，未成年人明确法律规范，通过学习人们在法律上的权利义务以及违反法律规定所应承担的法律责任，形成一定的行为模式。法制教育传播的是与法律相关的知识、观点和理念，法律作为判断是非的一种行为规范，使人们根据国家法律的规定，认识到法律允许和保护什么行为、禁止和限制什么行为的界定，去决定自己的行为。这就对未成年人正确享有权利，尽自己应该尽的义务起到了引导、指路的作用。

最后，道德是人类在改造自然和社会的实践中，以善恶为标准，依靠社会舆论、传统习惯和内心信念，来评价人们的行为，调整人与人、人与自然，以及个人与社会之间关系的行为准则。法律和道德本是相互联系的，法律在培养人们的道德行为中发挥了重要的作用；法律在制定的时候就贯彻了道德精神。通过法律的约束可以培养人们高尚的道德情操。我国的一些法律中都包含了一些道德的要求，比如在宪法中包含了社会公德的要求；婚姻法中包含了婚姻家庭道德的要求；合同法中包含了职业道德的要求等等。这些法律把某些传统道德规范变成了法律规范，对于违反这些道德规范的行为，给予法律制裁，让人们心存警戒。

道德是法律的基础，每一部法律的制定过程中，必须考虑到社会道德规范的要求，把传统的道德规范渗透在法律规范中，这体现了道德与法律的一致性。基于二者的一致性我们在对未成年人进行法制教育时，就能够同时对其进行道德教育。比如，我国婚姻法明确规定：“子女对父母有赡养的义务。”这就把我国从古至今的重要道德规范“孝道”列入法律。通过法制教育，未成年人就应了解到不孝敬老人，不赡养老人，不仅要受到道德的谴责，还要受到法律的制裁，由此未成年人在现实生活中，能够引以为戒，做到孝敬父母，尊敬师长，自觉养成良好的道德习惯。

总之，通过以上分析我们要充分认识到法制教育对未成年人公民意识培养的重要性，它不仅增强了未成年人的法律意识、权责意识和公德意识。还为其树立正确的世界观、人生观、价值观，杜绝拜金主义和个人主义奠定了坚实的理论及现实基础，并利用这些有效途径把未成年人培养成具有民主法治理念、自由平等和公平正义、能够享受权利、履行义务和承担责任的栋梁之材。

二、帮助未成年人树立法制观念

2002 年 10 月 21 日，教育部、司法部、中央综治办、共青团中央在《关于加强青少年学生法制教育工作的若干意见》中指出：青少年学生是 21 世纪的建设者，法律素质是青少年学生综合素质的重要组成部分。青少年学生法制教育工作，要按照科教兴国、依法治国和社会主义现代化建设的要求，坚持法制教育与思想政治教育相结合，坚持课堂教育与课外教育相结合，坚持近期目标与长远目标相结合，不断提高广大青少年学生的法律素质，努力把青少年学生培养成为有理想、有道德、有文化、有纪律的社会主义建设事业的合格人才。加强未成年人法制教育是新时代思想政治教育一项重要的任务。对未成年人进行法制教育就是要教育未成年人懂法、守法。通过法制教育使未成年人掌握宪法及其他法律法规规定的权利与义务，了解与自己生活工作有关的各种法律法规。未成年人的法律素养和法制观念如何，关系到社会主义法治国家的建设进程与和谐社会的建构。因此，做好未成年人法制教育工作，提高未成年人法律意识，增强未成年人的法制观念，不仅是提高未成年人自身素质、确保未成年人全面健康发展的需要，同时，也是振兴国家社会进步的需要。

（一）我国未成年人法制教育现状

随着我国依法治国的进行，未成年人的法律意识和法律素质和以前相比有了很大程度的提高。但是，我国目前未成年人犯罪仍呈上升趋势，当前国际社会甚至把未成年人犯罪同环境污染和吸毒贩毒共称为世界三大公害。当前未成年人法制教育仍然存在不少的问题，未成年人的法律意识还有待加强。

1. 未成年人的守法能力不强

这主要表现在未成年人在校学习的法律常识与现实生活中的守法意识和行为脱节，有一些未成年人缺乏守法的自觉性，并不能从意识上将守法作为一种良好的习惯，而很多时候还是需要惩罚性措施的威慑力来束缚，一旦有可以不守法而不被发现的机会，很多未成年人还是会存在侥幸心理地违规违法。比如很多未成年人不自觉遵守交通规则，随意闯红灯过马路等。

2. 未成年人的用法能力较差

虽然很多未成年人通过法律课程的学习，了解了部分法律法规的规定，甚至法条几乎可以全部背诵，但是在实际日常生活中却不能活学活用，运用法律来维护自己的权利。例如，未成年人平时同学聚会去餐馆聚餐，然而很多未成年人根本就没有索要发票的意识，或者被饭店老板赠送一瓶饮料就代替了发票。纳税是每个公民的义务，这应该是未成年人法律常识中最基本的一条，大多数未成年人却只是口头说的“明白”，用起来“糊涂”。

3. 未成年人的护法能力较弱

当前未成年人真正主动积极地维护法律权威和尊严的行为还不普遍，大部分未成年人仍缺乏与违法犯罪作斗争的决心和勇气，大多会因为害怕被报复等原因而对遇到的违法犯罪行为冷眼旁观，绕道而行。例如在公交车上遇到小偷偷东西，很多未成年人害怕遭到报复，选择沉默，假装没看见，甚至在警察调查中也不敢说明实情。

由此可见，目前未成年人的法律能力尚有欠缺，需要进一步提高。法律能力是未成年人法律素质的一个重要体现，是未成年人在学习法律知识和法律实践中逐渐形成的，运用所学法律来指引和规范自身或他人行为，是未成年人正确解决矛盾纠纷，维护自己的合法权益，追究违法犯罪行为的能力。

一部分犯罪未成年人并不是因为不懂得法律而触犯法律，而是非常典型的知法犯法。这种现象目前已经发展得很是猖獗，小到偷同学的财物，大到杀人放火、报复他人。这反映出未成年人群体的精神信仰、心理状态与具体行为的严重失衡。未成年人的生理和心理都还没有完全成熟，他们的思维活跃、感受灵敏，但同时心理起伏较大、做事容易冲动、承受挫折和失败的能力较低，但是社会是复杂的，必须要有一个健康的处世心态和正确的行为原则来约束自己。

（二）法制教育未成年人法制观念的培养

法治国家的真正建立，需要具备许多的条件，像社会经济的发展，社会民主的发展，公民文化素质的提高，等等。其中，树立较强的法制观念是一项重要的条件。法制教育对建立法治国家、造就较强法制观念人才和培养守法公民等方面具有不可替代的作用。

由于我国几千年来的专制传统，在现实生活中不可避免地存在着“人治”的封建残余。而法制教育正是摒弃人治思想实现法治的根本途径。法治的实现就是要培养人们的法治精神，也就是人们崇尚法律、维护法律的勇气和毅力。因此，我们必须强化法制教育，提高未成年人的法制观念，否则法治精神就无从谈起，依法治国就难以实现。学校法制教育具有系统性、有组织性和科学性等显著特点，在帮助未成年人树立法治精神、提高法律素养方面具有独特的作用。通过学校法制教育，不仅能够培养具有法治精神的社会成员，而且有利于整个社会法治环境的形成，为最终实现法治国家奠定坚实的基础。

三、引导未成年人树立正确的人生观价值观

（一）未成年人人生观价值观的内涵

人生观价值观是人们对人生的内涵、过程、方式、意义、目的的价值判断和选择，是对个人的人生与社会、与集体、与他人之间关系等进行认识和评价时所持的基本观念。

人生观价值观通过人们的行为取向及对事物的评价、态度反映出来，是对社会存在的深层次反映，价值观支配和调节一切社会行为，涉及社会生活的各个领域。正确的人生价值观能够教会人们分辨出生活中的真、

善、美，从而规划出正确的人生方向与道路；相反的，错误的人生观价值观会使人处于浑噩模糊的状态，由此产生的不正确的欲望与行为会成为人生道路中的拦路虎与绊脚石。未成年人的人生观价值观是未成年人综合素质的核心，它在未成年人素质全面发展中有着举足轻重的作用。未成年人的人生观价值观就是未成年人对人生的目的、意义进行正确认识的内在尺度，是未成年人的生理、心理和社会行为等诸方面综合的整体观念，是未成年人内在品质和外在品质的总和。先秦思想家孟子说过：“恻隐之心，人皆有之；羞恶之心，人皆有之；恭敬之心，人皆有之；是非之心，人皆有之。恻隐之心，仁也；羞恶之心，义也；恭敬之心，礼也；是非之心，智也。仁义礼智，非由外铄我也，我固有之也，弗思耳矣。”“生，亦我所欲也；义，亦我所欲也，二者不可兼得，舍生而取义者也。”孟子之所以强调舍生取义，就是凸显了人生观价值观的关键作用。

（二）未成年人人生观价值观的现状

正确的人生观、价值观不仅可以帮助未成年人实现自我的理想，还能够帮助他们实现建设社会主义现代化国家的宏伟目标，由此可见，未成年人的人生观与价值观不仅对于社会的政治、经济、文化等各方面的发展都有着重要的影响，对其自身的健康成长、成才也有着积极影响。

多元化背景下未成年人人生观与价值观有着明显的时代印记。当代未成年人的人生态度总体上是积极向上的，只有少数的人受社会不良风气的影响，他们的人生观与价值观存在缺失。部分未成年人在生活中偏向个人主义与利己主义，将努力学习与金钱、利益挂钩。在这个不断追求经济利益的社会大背景下，人们在集体主义与个人主义、道德与利益、奉献与索取等价值观念的焦点问题上越来越偏向于后者。这些不正确的价值取向使得部分未成年人在追求自己的理想时变得越来越现实，渐渐地向功利化、享乐主义、拜金主义靠拢。

马克思明确指出，一旦劳动产品作为商品来生产，就必然带上拜物教性质。拜金主义，源于马克思的拜物教，只是一种扭曲的价值观，市场经济物的依赖性就是人对物的一种颠倒，它容易产生拜物教意识，引发拜金主义。在市场经济中，商品交换的这种物与物的关系掩盖了人与人之间的关系，特别是当货币作为一般等价物的地位获得了直接交换一切商品的权利时，商品交换者的社会关系，就颠倒地表现为商品与货币的关系。这样人就被商品和货币支配，商品和货币成为人追求的目的和生存的意义，人反过来成为获取商品和货币的手段和工具。人成为物的奴隶。当商品泛化到精神领域，就会导致拜金主义，使人形成不正确的人生观价值观。当前拜金主义成为未成年人违法犯罪群体的价值准则和精神支柱。不论是对内的哥们义气和追求享乐，还是对外进行违法犯罪活动，他们都共同遵循"一切向钱看"的价值准则，把金钱凌驾于一切之上。金钱万能已经成为当前未成年人人生观价值观的核心。在这种不正确的人生观价值观影响下，未成年人对是非、美丑、善恶的客观评判标准被金钱利益掩盖。为了个人私利，为了获得金钱，他们敢于蔑视社会道德，敢于践踏一切法律，敢犯任何罪行。

（三）法制教育对未成年人人生观及价值观的培养

正确的人生观价值观是未成年人对人生目的和人生意义的根本看法和态度。引导未成年人树立正确的人生观价值观是未成年人把握人生方向、选择人生道路的指南。然而不同的人所受的教育、所处的环境等内外部条件不同，其人生观价值观也有所不同。人生观价值观的不同，也就从一定意义上决定了人们生活态度及行为方式的不同。未成年人正处于发育阶段，他们的人生观尚未形成，对未成年人进行正确的人生观与价值观教育，是当前思想政治教育的重要内容和任务之一。在法制教育中，结合教学内容，运用现实中的真实案例，剖析当事人的人生观价值观，从而对未成年人进行人生观价值观教育，更具有教育性和现实性。也更具有说服力，更能达到较好的教育效果。

改革开放和社会主义市场经济的确立，提高了人们的物质文化生活水平和社会消费水平，使未成年人亲身感受到了市场经济带来的实惠，激发他们发奋学习、振兴中华的热情。但是市场经济的趋利性，使未成年人受拜金主义、享乐主义的影响，世界观、人生观开始蜕变。在他们看来，人的所有社会活动都是追求金钱利益，他们认为钱能通神，只要有钱什么事都能办成，只要有钱，就能尽情享乐，想干什么干什么，因此，部分未成年人就把“金钱至上”奉为自己的人生信条，这是典型的拜金主义、享乐主义的人生价值观。正是受这种不正确的人生观价值观的影响，一些未成年人追求享乐、厌恶读书。个别人甚至为钱铤而走险，走向犯罪。未成年人没有法律信仰，法律意识淡薄，在面对复杂的社会环境时，缺乏正确的价值观与人生目标的引导，最终选择了一条不归之路。

法制教育对未成年人正确人生观价值观的确立和现代法治观念的形成具有重要作用。通过对未成年人进行法制教育，让未成年人明确法律在调整社会关系的过程中，对人的价值的实现起到安全保障的作用：一是保证和促使公民充分享有权利，实现自我价值；二是积极鼓励公民履行义务，实现社会价值。只有做到享受权利与履行义务的高度统一，才能最终实现人的价值。法制教育就是要引导未成年人把权利与义务之间辩证的关系，同人的自我价值和社会价值的实现联系起来，从而树立正确的人生观价值观。

四、培养未成年人形成法律信仰

信仰是人类的情感寄托，是人类最高的意识形式。随着社会的不断发展变化，必然要求法律不断地随之丰富完善。构建社会主义法治社会，不仅仅要求人们拥有丰富的法律知识，而且还要培养人们法律至上的精神，形成法律信仰。否则在现实生活中也会出现知法犯法、利用法律漏洞逃避处罚的事件。这样就会使法律形同虚设，丧失其应有的权威和尊严。因而，要提高法制教育的实效性，最重要的是要树立和培养法律信仰。普及法律知识是法制教育的基础，培养未成年人自觉守法即信仰法律才是法制教育真正追求的目标。

（一）法律信仰对未成年人健康发展的意义

美国法学家伯尔曼说过：“法律必须被信仰，否则它形同虚设。”信仰是指人保持一种极度虔诚的态度或信念并以之指导实际行动的一种精神境界，“宗教般的虔诚”被视为信仰的极致，能赋予人超凡的力量，对其信奉的事物产生神圣、庄严、使命和归属之感，甘愿为之牺牲个人利益甚至生命。法律信仰不只是对国家制定的法律规范的信仰，更是将法律至上，依法办事内化为内心坚定信念的行为。建设中国特色的社会主义法治国家，实现依法治国的目标，必然要求人民坚持法律至上，对法律具有坚定的信仰。在实现依法治国的过程中，必须使法的精神和价值取向，从传统制度层面的建设向精神层面的建设跃进。对于中国法治建设而言，精神气质的超越和现代法律信仰的培育，更具先决意义。未成年人是党和国家未来的建设者，培养未成年人较强的法律意识，确立未成年人的坚定信仰，是国家开展法制教育的根本追求，同时也是实现我国依法治国的关键所在。培育未成年人对法律坚定的信仰是为实现社会主义民主法治奠定基石。

（二）法制教育对未成年人法律信仰的培养

我国《教育法》第 5 条规定："教育必须为社会主义现代化建设服务、为人民服务，必须与生产劳动和社会实践相结合，培养德智体美劳全面发展的社会主义建设者和接班人。"近年来，为实现人的全面发展，我国教育部门积极倡导素质教育，并且把素质教育作为学校工作的重中之重。对未成年人开展法制教育是促使其形成法律信仰的关键所在。法制教育的价值在于倡导法治精神，它以确认法律的权威性和至上性、确认社会运行主要靠法律制度来规范与调节、培植法律信仰为核心，培养大批具有良好的法律素质的公民，来满足法治社会的需要。在对未成年人进行法制教育的时候，要结合未成年人的特点，有针对性的增强其法律意识，引导未成年人崇尚法律，帮助他们用法律的思维去判断事情，做出正确的选择。提高自己的法律素养。通过法制教育要让每一个未成年人意识到增强法律意识、提升法律素养是每个未成年人应尽的义务。

首先，通过法制教育让未成年人对法律形成正确的认识，并且主动认同法律，在生活中以法律为生活准则。未成年人正处于人生的特殊阶段，对事物的看法还不成熟，培养未成年人形成对法律的坚定信仰，有助于帮助未成年人明确理想目标，从而实现对未成年人的犯罪预防。在法制教育过程中，向未成年人宣传犯罪行为的类型及其法律责任，结合典型案例的分析，使得部分未成年人对法律的惩罚心生畏惧，从而放弃犯罪企图，从这一层面来说，法制教育在一定程度上可以帮助未成年人认识到犯罪行为所带来的严厉惩罚从而预防犯罪。

其次，通过法制教育有效地引导未成年人自觉守法。法律规范的制定，在一定程度上反映了社会所倡导的主流价值观，未成年人通过对法律规范的学习，明确法律所规定的行为标准，并且从中确立是非善恶的标准，由此引导未成年人做出正确的选择，促使其自觉守法，减少犯罪行为。

最后，“法制教育能够增强未成年人对法律的认同和信仰”①。法制教育的形式不仅仅是教师对学生的知识灌输，在对未成年人进行法制教育时，还可以采取“现场教学”的形式，比如邀请专业的法律人士向未成年人开展法律宣传讲座、带领学生旁听法庭审判等等。通过这样的教学形式，使得未成年人更直观地、深刻地感受到法律所倡导的价值理念。在课堂教学中，教师还可以结合现实案例开展法制教育。通过对案例的分析，使未成年人了解到案件的犯罪原因、手段、处罚情况等内容，这样可以让未成年人深刻地认识到违法犯罪行为所带来的严重危害性，感受到法律对违法犯罪行为的惩罚所体现的正义，从而增加对法律的认同和信仰，有效地预防和减少犯罪行为。

第二节　法制教育培养未成年人健康人格的策略

一、优化家庭法制教育环境

每一个人的成长过程中都要受到家庭教育的熏陶和社会教育的引导与

① 王蓉蓉．法制教育对青少年健全人格培养的功能研究［D］．内蒙古科技大学，2013.

约束。家庭是社会的基本组成细胞，作为孩子的第一任教师，父母在教育孩子过程中不仅要有开放的、积极地教育观念，还要在全面了解认识未成年人的基础上采用正确的教育方法。父母是孩子的启蒙教师，父母的举止言行和对孩子的教育方法，对孩子的成长有重大影响。父母的行为不检点，或者采取溺爱、打骂等不正确的教育方法，都会给未成年人的身心健康带来不良后果。如我国古训所言“养不教，父之过”。家庭对未成年人的教育持续时间最长、范围最大、内容最广。家长的教育方式、文化素质及家庭结构等方面对未成年人法律素养的提高、健全人格的形成有着深刻影响。因此，改变传统家庭教育观念，优化家庭法制教育环境，充分发挥家庭法制教育的防范作用对未成年人法律意识的提高有着很重要的意义。

（一）转变传统家庭教育观念

1. 改变传统家庭教育观念，走出应试教育误区

由于我国教育体制的不完善，应试教育的影响根深蒂固，许多家长在教育观念上形成了重视智力发展轻视德育培养、重视分数轻视法律素养提高的教育误区。随着我国素质教育的大力推行，大部分家长认为应该从小就要培养孩子德、智、体、美、劳全面发展，他们认为在教育孩子方面应该首先教会孩子如何做人，而不是只教孩子读书考大学。但是问到孩子具体需要哪方面的教育培养时，大部分家长首先讨论的还是学习的方式、态度等。可见，孩子的学习仍然是家长们最关注的热点。很多家长对未成年人养成的坏习惯，甚至一些违法行为视而不见，一味地追求高智力、高分数，忽视了未成年人的法制教育和道德教育，最终导致未成年人走上违法犯罪之路，造成无法弥补的遗憾。因此，在家庭教育过程中，家长应该首先要消除应试教育的影响，改变人才等于高分数、高智力、高学历的传统模式，建立以培养未成年人健全人格为重点的教育理念，清楚地认识到成长与成才的内涵、德育与智育的关系，提高未成年人的综合素质，促进其全面发展。

2. 增强家长法制观念，改进家庭教育方式

家庭是未成年人首先接触的环境，青少年最初的是非评判标准是通过

家长的教育学来的。家庭是提高未成年人法律意识、培养未成年人良好品德的重要阵地，家庭法制教育比学校法制教育更具有针对性和持久性。因此，家长有的放矢地对未成年人进行法制教育，对于提高未成年人的法律素养有着积极的作用。

充分发挥家庭对未成年人法制教育的作用。首先，就要对家长普及法律知识，提高其对法律的认识。目前大多数的家长在遇到问题时能够想到用法律来维护自己的合法权益，但是大部分家长对法律的具体规定不是很清楚，对关于未成年人的几部法律法规也是知之甚少。因此，有必要让学生家长学习一些我国最基本的法律常识，比如，让家长们学习《宪法》《民法典》《刑法》《未成年人保护法》以及《民事诉讼法》和《刑事诉讼法》等。通过对这些法律的学习，家长能够以身作则，在教育未成年人的同时，实现依法治家。其次，家长应该结合教育学与心理学的相关内容，在了解掌握青少年身心发展特点的基础上，采用科学的方法对未成年人进行法制教育。有的家长在教育孩子的时候缺乏耐心，信奉“棍棒底下出孝子”，如果自己的孩子犯了错，家长们不是细心地教导，而是不问任何缘由就对孩子责罚，这样的教育方式容易使未成年人产生逆反心理，仇视家长，甚至与父母感情破裂，一部分未成年人进入到社会中，受不良人员的教唆、威胁走上违法犯罪道路。

我国之前的几十年实行计划生育政策，虽然目前鼓励生育二胎、三胎，但就目前来看，很多家庭都是独生子女，独生子女在家中享受的是贵族般的待遇，爸爸妈妈、爷爷奶奶以及姥姥姥爷生怕家里的宝贝受到任何一丁点伤害，就对其百般宠爱，满足他们物质上和精神上的任何需求，然而他们却不知道这样恰恰影响孩子的健康成长，过分地宠爱也就培养了孩子很多的不良生活行为和习惯，不思进取、任性刁蛮、自私自利等。亲人对孩子的过分宠爱，不仅影响了他们的思想意识、品质习惯等方面的健康发展，而且，行为意识也会出现负成长，在以后的生活中以自我为中心的待人处事方式会影响他们的身心健康成长。这样的教育方式必然不会达到好的教育效果。家庭教育应该是逐步渗透式的教育，它在日常生活中逐步影响着未成年人，这种影响比学校教育更加持久。家庭教育中家长应该积极地创造有利于孩子身心发展的环境，并且以自身为榜样，采用启发性的说服教育影响孩子。

3. 结合学校教育，制定家庭教育计划

在家庭教育中往往都是针对孩子所犯的错误进行教育，如果孩子没有犯错或者家长没有及时发现问题，对孩子的教育就有所放松，一旦发现问题，家长就会被“问题”牵着走，盲目地教育孩子，这种教育效果往往事与愿违。因此，家长应该充分了解未成年人的身心发展特点，结合未成年人自身的实际情况和学校的教育内容来制定家庭教育计划。以培养未成年人健全人格为着眼点，提高未成年人的法律意识，促进其全面发展。

（二）营造积极的家庭教育氛围

家庭环境的好与坏对未成年人的健康成长起着至关重要的作用。一个良好的家庭环境会让未成年人感受到家里的亲情，同时也会使他们对社会充满信任。然而，如果家庭环境氛围较差，会对未成年人今后的健康成长造成不良影响，使得未成年人在成长过程中很难树立正确的价值观和人生观，身心健康得不到完美发展。回到现实生活中，任何人的工作压力都很重，因此就会产生很多由于工作压力所带来的种种情绪。有些家长不太注重家庭生活方式，就会把工作上不愉快的情绪带回家，难免就会与家人发生不愉快以及不必要的冲突，从而让原本愉悦轻松的家庭气氛变得紧张；有些则是由于父母感情问题或其他原因造成家庭的不完整，让孩子们无法感受到父母的关爱与呵护以及感受不到家庭温暖，孩子们在自己的情感小世界中得不到满足的时候就会到社会中寻找那份温暖与关爱。因此，未成年人就过早进入社会承受着社会对他们的种种舆论压力，长此以往导致他们心理失衡，形成不健康的人格。并且，他们的心灵窗口长期处于自我封闭状态，不情愿和他人交流、交往，从而他们的内心变得孤独、冷漠，对他人充满敌意，在复杂的社会中就很容易被违法犯罪团伙所引诱和利用。

大部分犯罪的未成年人家庭结构不完整，父母离异或者是因为其他原因失去父母的一方或是双方。这些未成年人缺乏家庭的温暖和管教，导致性格缺陷，容易产生不良的情绪，这种不良的情绪得不到正确的引导和发泄，直接影响其人格的发展，导致其人格不健全，最终一步步走向犯罪。家庭的完整对未成年人的健康成长起着非常重要的作用。目前国外许多国家为了预防减少未成年人犯罪建立了相应的家庭保护措施，提高家庭教育的功能。近年来，我国的离婚率上升，许多未成年人生活在单亲家庭，家庭教育功能受到一定的影响。因此，在我国的家庭教育中应该设立家庭保护机制，提高家庭教育的功能。社会大环境的形成，取决于每个家庭的环境，家庭对未成年人法制教育的功能能否有效发挥，直接关系到社会主义法治社会的建设进程。

二、改进并充实学校法制教育方法与内容

学校是广大未成年人学习成长的一个重要场所，在未成年人的成长过程中起着举足轻重的作用。一些学者认为：学生走上犯罪的道路，其错主要在学校，而不在学生本人。学校要增添有关法制教育的课堂，通过学习增强未成年人的法律意识，采取这样的教育做法可以有效预防其违法犯罪，帮助未成年人身心全面健康成长。

（一）改进学校法制教育方式

我国素质教育实行多年，虽然也取得了一些成就，但是由于长期以来受应试教育根深蒂固的影响，一些学校一味地追求升学率，一味地把学生能够考取重点学校当作重中之重，过于注重成绩，因此在教学过程中就疏于对未成年人进行法制观念和道德行为规范的培养。由此学校将学生分为优、良、差三类，对于学习成绩差的同学区别对待，不关心不过问，任其自生自灭。这些老师眼里的差学生得不到应有的关心和教育，心理严重失衡进而自暴自弃，不断地逃课、脱离学校，与社会人结伙成群，再加上社会中不良风气的影响，从而使他们越来越胆大最终走向犯罪。因此，我们的学校教育应该从根本上消除应试教育的不良影响，改变传统的教育模式，强化素质教育，从本质上重视未成年人思想道德教育和法制教育，真正实现未成年人的全面发展。

结合现在未成年人法制教育的现状，要提高学校法制教育的功效，应该从以下几个方面进行改进：第一，从学校管理层入手，积极提高学校领导和授课教师的法律意识，培养一支符合素质教育要求的教学管理队伍。第二，充分认识到法制教育的课程设置、教学方式的改革是推进学校法制教育的核心内容。第三，改革考试制度，逐步淡化重分数、重升学的传统教育观念，建立多元化的评定标准，有助于未成年人良好品德和较强法制观念的培养。

随着依法治国进程的加快以及从 1986 年开始至今的全国范围大规模普法教育活动的推行，我国学校法制教育取得了很大的成绩，未成年人的法律意识有了很大的提高，但是受到传统教育模式的影响，学校法制教育还只是停留在形式层面，并没有达到应有的效果，因此，要改进法制教育方法，首先，应对法制教育的教学方法进行改革。以前学校老师在德育课程中给未成年人讲授法律部分时，只是单向地向未成年人灌输法律条文，没有辅助教学手段，未成年人的主体地位和作用没有得到充分发挥，未成年人被动学习接受法律知识，教育效果差强人意。随着素质教育的推行，教师在法制教育课程中应该采用不同的教学方式，帮助未成年人更好地掌握法律知识，提高法律素养。比如，教师在讲授法律条文的时候，可以收集现实生活中影响较大的案例，让未成年人在分析案例过程中学习相关法律知识。通过案例分析法的学习可以加深未成年人对法律条文的理解，化抽象为具体，学习效果显而易见；在条件允许的情况下，学校可以带领学生走出教室，每个学期组织学生去当地人民法院旁听法院案件审判，直观地接受法制教育。或者是选择典型案例，在课堂模拟法庭审判，充分调动学生的积极性，让学生亲自体验法律诉讼程序，形成一种良好的法制教育氛围，有利于未成年人法律意识的提高；合理利用学校多媒体教学工具，结合网络和新闻媒体资源对青少年进行法制教育。通过给学生播放中央电视台的《今日说法》《法治在线》等普法栏目，使法制教育的内容更加直观、生动，进而提高法制教育的教学质量和教学效果。法制教育一定要充分调动每个学生的积极性、主动性，让他们参与到教学过程中是很有必要的，也是切实可行的。

（二）充实学校法制教育内容

学校对未成年人开展法制教育，目的是要青少年树立法律信仰、提高自身的法律素养、养成良好的法律习惯。因此，学校开设法制教育课程不应仅仅是对法律条文的单纯解读，更应丰富法制教育内容，结合道德教育与心理健康教育有助于法制教育目的的更好实现。

充实法制教育的内容，首先，在法制教育过程中结合思想道德教育。法律素质是思想道德素质的重要组成部分，在素质教育中，既要加强道德教育，发挥道德对人的思想和行动的教育引导功能，又要加强法制教育，发挥法律对人的行为的强制规范作用。

法律和道德都是在社会活动中调整人与人以及人与社会之间的行为规范。不同的是，法律是由国家制定实施的，具有一定的强制性，而道德则是依靠人们自觉地遵守实现的；道德所包含的内容比法律广泛得多，所有非法的行为都是不道德的行为，但并不是所有的不道德行为都是违法行为。法律的作用和道德的作用也是相辅相成、相互联系的。单靠国家的强制力不能完全实现法律的作用，要通过思想道德教育提高人们的道德觉悟，将遵守法律内化为道德情操，自觉地依法办事。与此同时，通过法制教育使人们增强了法制观念，也就会相应地提高自身的道德水准。目前，我国中小学法制教育课程主要集中在《道德与法制》中，高校法制教育主要以《思想道德修养与法律基础》为主，我们应该认识到这些课程并不是单纯向未成年人讲授法律条文知识，而应结合道德教育，在普及法律知识的同时渗透道德教育。其次，应将法制教育与心理健康教育相结合。处于青春期的青少年，身体和心理都发生着重大的转变，一些青少年不能及时地调节自己的心理，无法适应这种变化，随着时间的累积就出现了各种心理问题。学校在进行法制教育的同时应结合心理健康教育，帮助青少年树立正确的人生观价值观，正确地处理成功与失败、理想与现实的关系，减少心理上的消极观念，避免影响未成年人成长成才。未成年人在成长过程中各方面都不成熟，在生活上、学习上都会遇到难处，不知如何正确处理，无形中就会形成心理负担或者引发心理疾病，也有可能会从事违法犯罪活动。心理咨询是法制教育的有效辅助形式，是学校德育工作的深层化、科学化。如果能恰当地为未成年人提供心理咨询，便会有效预防未成年人发生不正常的行为。因此，学校开设专门的心理咨询课堂显得尤为重要。通过招聘专业人士为未成年人讲解心理咨询课程，让他们减少心理负担，面对困难和挫折能够积极乐观地对待，培养健康的心理，促使未成年人身心健康成长。

三、加强社区法制建设

法制教育是提高全民法律素养、建设社会主义法治国家的重要工作。社会主义市场经济不断地占主导地位，使许多人逐渐转变成社会人。越来越多的社区也就成为人们密切联系、共存利益的空间。所以，积极构建和谐的文明社区，把社区作为宣传法制教育、普及法律知识的新平台，是开展法制教育工作的一个重要的全新的方向。

社区是由经济要素、政治要素、文化要素相互作用形成的有机系统。社区也就成为许许多多未成年人除学校、家庭以外重要的活动场所。社区作为对未成年人宣传法制教育的重要平台。当然，前提是要有一个文明、和谐的社区环境，社区环境的好与坏也就成为未成年人健康成长的重要因素。因此，我们必须加强社区的文明建设，彻底地清除黄、赌、毒等恶习，在社区中加大法制教育的宣传力度，制定一系列有关未成年人法制教育的规章制度，为未成年人提供更多的参与和学习的平台和场所，比如有关法制教育的图书馆、学习娱乐场所等。努力营造良好的社区法制教育的环境，让社区成为未成年人学习、活动、娱乐等健康成长的重要保障和平台。

四、利用现代媒体宣传法制教育

随着科学技术的发展，媒体成为现代人日常生活中掌握知识、了解社会信息的主要渠道。在现代科技飞速发展的时代下，绝大多数未成年人深受影响。无论在生活中还是学习知识方面，未成年人都能通过现代媒体获知许许多多正面的或负面的信息。我们可以很明显地看出现代媒体在他们身上所留下的烙印，他们的行为动作、语言表述、思想态度无时无刻不在体现现代媒体信息对他们的生活和学习环境所产生的影响，他们人生观与价值观的体现以及对整个社会群体的认知能力都深受其影响。

当前我们所说的媒体，一般指广泛在社会流通、为大众日常所接触的信息载体。有些地方习惯称之为大众传媒。现代媒体的载体包括印刷媒介和电子媒介。日常生活中常见的印刷媒介和电子媒介有报纸、杂志、书籍、电视、广播等。由于媒体的传播对象具有不确定性，其在追求平民化、通俗化的同时具有一定的开放性，而且现代媒体凭借其丰富多彩的传播形式，对大众有一定的感染力，使得公众更容易接受其传播的知识与信息。在对未成年人进行教育方面，媒体的灵活性和趣味性明显优于家庭教育和学校教育，未成年人会更加倾向于向媒体学习。介于现代媒体对未成年人成长的重要影响，在利用现代媒体对未成年人进行法制教育的时候应从以下几个方面进行：

首先，充分利用媒体对未成年人的吸引力和影响力，改变传统学校和家庭教育中面对面的教育手段和沟通方式，强化和推进法制教育工作。其次，在教育者的帮助下让青少年对媒体形成正确认识并且接受其正面信息。一般来说，未成年人受媒体的负面影响而产生问题，其父母和老师往往缺乏媒体指导的意识或缺乏有关媒体的知识。假如家长和老师都对媒体具备一定知识，那么在未成年人通过媒体学习或了解一些其他信息时，家长便可以陪同孩子一起，由于未成年人的自我控制能力、辨别能力、对新事物的认知能力较差，此时家长就可以科学引导并给予他们正确的解释，让他们对新事物有正确的认知还可以消除为他们带来的负面影响。然而在现实生活中，许多家长和老师为了孩子的学习成绩，则是彻底不让孩子接触电脑或其他媒体，这样做恰恰适得其反，未成年人对未知事物充满好奇心，反而会影响他们正常的学习和生活的节奏。因此，在发达的媒体时代，信息在时刻变化更新。家长和老师如果正确引导，未成年人还可以通过媒体了解很多课本以外的知识，使未成年人的视野变得开阔、思维得到拓展，能够接受更多健康的信息。再次，媒体具有广泛性和导向性，要合理利用。它具有传统教育作用，对青少年能够进行正面的法制教育，让青少年了解更多有益身心健康发展的信息。可以通过电视、报纸或杂志等途径对未成年人进行宣传法制教育。最后，媒体也是一把双刃剑，起到正面影响的同时也有很大的隐患和负面影响。我们国家有关部门要大力加强对媒体的监管，彻底清除不健康网络内容给未成年人带来的负面影响，打击网络犯罪团伙对未成年人的引诱，禁止对未成年人传播各种色情或暴力信息，对损害未成年人身心健康发展的一切内容给予打击或清除，保证未成年人在健康的媒体环境下成长。

参考文献

【期刊】

[1] 王小海，荣冲. 未成年人社会化视角下教育惩戒的社会学意义 [J]. 成都师范学院学报，2021，37 (09).

[2] 王光元. 参与体育运动对青少年人格塑造的影响研究 [J]. 开封文化艺术职业学院学报，2021，41 (09).

[3] 刘玉敏，刘海容，张萍. 青少年成长型思维、坚毅人格与主观幸福感关系 [J]. 集美大学学报 (教育科学版)，2021，22 (04).

[4] 耿希峰，马丽枝，杨广柱. 积极心理学与儿童青少年积极人格评价 [J]. 佳木斯大学社会科学学报，2020，38 (06).

[5] 王文栋. 青少年人格发展存在的问题及改进策略研究 [J]. 海峡科学，2020 (09).

[6] 陆钫方. 青少年健全人格的养成教育探析——以学校教育为视角 [J]. 现代商贸工业，2020，41 (12).

[7] 王苇琪. 家校合作：青少年人格教育的建设路径 [J]. 中国德育，2019 (19).

[8] 杨虎民. 未成年犯的人格特征调查与分析 [J]. 赤峰学院学报 (自然

科学版），2019，35（08）.
［9］李迪．青少年独立人格缺失的成因及对策［J］．南方农机，2019，50（08）.

【专著】

［10］布雷斯·阿圭勒．青少年边缘性人格障碍家长指南［M］．北京：中国工人出版社，2020.
［11］邹容．儿童青少年乐观人格的发展及亲子代际传递［M］．北京/西安：世界图书出版公司，2019.
［12］王凡．青少年网络人格研究［M］．北京：九州出版社，2018.
［13］杨丽珠，马振，胡金生．6–12 岁小学生健康人格培养研究［M］．大连：大连海事大学出版社，2017.
［14］孙远刚，刘嵩晗，杨丽珠．12–15 岁初中生健康人格培养研究［M］．大连：大连海事大学出版社，2017.
［15］孙岩，金芳，杨丽珠．3–6 岁幼儿健康人格培养研究［M］．大连：大连海事大学出版社，2017.
［16］李翠华．传统美德与青少年人格修养［M］．延吉：延边大学出版社，2016.
［17］杨丽珠，胡金生，刘文，孙岩副．未成年人人格发展与教育［M］．北京：中国人民大学出版社，2014.
［18］14．常若松，刘时勇，郭双．未成年人健康人格自主培养研究［M］．北京：教育科学出版社，2014.
［19］傅永吉，王琪，杨春桃．青少年健康人格与养成［M］．北京：北京理工大学出版社，2012.
［20］张秀琴．校园文化建设与高中生健康人格的养成［M］．厦门：厦门大学出版社，2009.

【论文】

[21] 任泽鑫. 父母教养方式与青少年自立人格的关系 [D]. 喀什大学，2021.

[22] 石紫薇. 未成年人家庭思想道德教育功能研究 [D]. 湖北大学，2021.

[23] 李宛昱. 未成年人网络隐私权民法保护研究 [D]. 青岛科技大学，2021.

[24] 赵策策. 未成年人社区矫正分管分矫体系构建研究 [D]. 青岛科技大学，2020.

[25] 黄小菁. 未成年人的人格权保护 [D]. 山东师范大学，2019.

[26] 王慧. 高中生人格结构及发展特点研究 [D]. 辽宁师范大学，2018.

[27] 孙红涛. 家风对青少年人格教育的作用研究 [D]. 北方民族大学，2018.

[28] 刘嵩晗. 12－15 岁初中生健全人格培养研究 [D]. 辽宁师范大学，2016.

[29] 陈亚飞. 当代中学生人格现状与发展策略研究 [D]. 鲁东大学，2015.

[30] 刘超军. 学校教育中青少年健全人格塑造研究 [D]. 河南大学，2015.